数学基礎コース ＝ C3

基本 複素関数論

坂田 洰 著

サイエンス社

サイエンス社のホームページのご案内
http://www.saiensu.co.jp
ご意見・ご要望は　rikei@saiensu.co.jp　まで．

はじめに

　本書は，自然科学，工学および社会科学を志す人で，はじめて「複素関数論」を学ぶ人たちを対象とした教科書，または入門参考書として書かれたものです．

　平成15年度より高等学校カリキュラムから複素平面についての内容が全く姿を消し，それに配慮した教科書の必要性を痛感したので本書を執筆しました．

本書の構成

左側のページ　数学の学習は，問題を解くことではなくて，正しい考え方を理解することからはじまります．このページには学習する事柄やその考え方が丁寧に書いてあるので，しっかり読むことが大切です．

右側のページ　左側のページの理解を助けるための図や，身につけた考え方を使って解くことができる『例』があります．解答を紙に書きながら左側のページの考え方を自分のものにしてください．

問（下欄）　『問』は必ず書いて解いてください．解けても，解けなくても，正しい解答と自分の解答を比べてみてください．このプロセスこそが大切なのです．これらが，しっかりとできていればあとの学習は無理なく進められます．

演習問題　各章の終わりには理解を確実なものにするための演習問題を集めました．わからないときは本文にもどり，もう1度読みなおしてください．

　このように1題1題解いていくうちに，理解がより深まり，確かな力がついてきます．最後に下欄にある『演習』に挑戦してみてください．

　さて，複素関数論は，理工系への多様な応用があるのはいうまでもないこ

はじめに

とでありますが，複素関数論そのものも華麗な理論であり，複素数の世界のもつ美しさのゆえに多くの数学者を虜（とりこ）にした分野でもあります．本書によって，その美しさの一端を味わってもらえるなら，著者の望外の喜びとするところです．

本書の作成にあたり，「寺田文行著　複素関数の基礎」（サイエンス社）および「洲之内治男・猪股清二共著　改訂関数論」（サイエンス社）から多くの教示をうけました．厚く御礼を申し上げます．

終わりに本書の作成に当り終始ご尽力をいただいたサイエンス社編集部の田島伸彦氏，渡辺はるか女史に心からの感謝を捧げます．

2005 年 2 月 14 日

坂田　浩

目　　次

第 1 章　複素数と複素数平面　　　　　　　　　　　　　　　1

1.1　複　素　数 ……………………………………… *2*
1.2　複素数平面・極形式 ……………………………… *8*
1.3　ド・モアブルの定理 ……………………………… *14*
1.4　平面図形と複素数 ………………………………… *18*
　　　演 習 問 題 ………………………………………… *22*
　　　研　　　究 ………………………………………… *25*
　　　問 の 解 答 ………………………………………… *26*
　　　演習問題解答 ………………………………………… *27*

第 2 章　1 次変換（関数）　　　　　　　　　　　　　　　29

2.1　1 次変換，1 次変換による写像，1 次変換の性質 …… *30*
2.2　無限遠点，数球面 ………………………………… *36*
　　　演 習 問 題 ………………………………………… *38*
　　　研　　　究 ………………………………………… *41*
　　　問 の 解 答 ………………………………………… *43*
　　　演習問題解答 ………………………………………… *44*

第3章 正則関数　45

- **3.1** 複素関数 46
- **3.2** 複素関数の極限値・連続性・微分可能性 48
- **3.3** コーシー・リーマンの微分方程式，正則関数 52
- **3.4** 等角写像 56
- 演習問題 58
- 問の解答 62
- 演習問題解答 64

第4章 複素初等関数　65

- **4.1** 指数関数 66
- **4.2** 三角関数 70
- **4.3** 対数関数，双曲線関数，累乗関数，無理関数 72
- 演習問題 76
- 問の解答 79
- 演習問題解答 79

第5章 複素積分とコーシーの定理　81

- **5.1** 複素積分 82
- **5.2** 複素積分の性質 84
- **5.3** 線積分とグリーンの定理 88
- **5.4** コーシーの定理 92
- **5.5** コーシーの定理の拡張 96

5.6 留　　　数	*98*
5.7 実関数の定積分への応用	*102*
演　習　問　題	*106*
問　の　解　答	*110*
演習問題解答	*112*

第 6 章　コーシーの積分公式と関数の展開　　　　　115

6.1 コーシーの積分公式	*116*
6.2 リュウビルの定理・代数学の基本定理	*118*
6.3 関数の展開 (テーラー展開, ローラン展開)	*120*
演　習　問　題	*124*
研　　　究	*128*
問　の　解　答	*129*
演習問題解答	*129*

索　　引 *132*

第 1 章

複素数と複素数平面

本章の目的 複素関数論の理論の舞台である複素平面の基本について学習する．平成 15 年以降の高等学校カリキュラムでは複素数平面についての学習は行われないことになった．そこで，本章の内容は読者にとっては全く新しい概念であるのでその導入には細心の注意をはらった．

本章の内容

1.1 複素数
1.2 複素数平面・極形式
1.3 ド・モアブルの定理
1.4 平面図形と複素数
研究　座標平面と複素数平面

1.1 複 素 数

虚数の導入　2次方程式 $x^2 = 3$ は，有理数の範囲では解がないが，無理数を考えて，数の範囲を**実数**にまで広げると，解 $x = \pm\sqrt{3}$ をもつことはすでに学習した．

しかし，どのような実数をとっても，その平方は負にならないので，2次方程式 $x^2 = -5$ は，実数の範囲では解をもたない．そこで，このような2次方程式も解をもつようにするために，実数のほかに，新しい数を数の仲間に付け加え，数の範囲を広げることを考える．

2乗すると -1 になる数を1つ考え，これを i で表し，**虚数単位**という．すなわち，$i^2 = -1$ とする．

$$i^2 = -1$$
$$m > 0 \text{ のとき，} \quad \sqrt{-m} = \sqrt{m}\,i$$

この新しい数 $\sqrt{-1} = i$ は，考え出された当時は想像上の数というような意味で，Imaginary number と呼ばれ，我が国では「虚数」と訳した．

この虚数は長い間「不能の値」(Impossible value) などと呼ばれていたが，ガウス (C.F.Gauss, 1777〜1855, ドイツの数学者) は，虚数を平面上に表示することにより，虚数が存在することを明確にし，その名を

複素数（**Complex number**，複合した数）

に改めた．

ガウスはこの複素数を整数論に応用して多くのすぐれた結果を得た．さらに同時代コーシー (A.L.Cauchy, 1789〜1857, フランスの数学者) は，複素数の範囲での積分を研究して，いわゆるコーシーの定理 (⇨ p.92) を樹立し，複素数を変数とする微分積分学を創り出した．これがこれから学ぼうとする複素関数論の起こりである．

その結果，複素数（虚数）はもはや不能の数などではなく，微分積分学なども，実数の世界に限定せず，複素数まで考えを入れることによって，本当の意味が理解できるようになったのである．

1.1 複素数

● **より理解を深めるために** ●

例 1.1 (1) i は，普通の文字のように扱い，例えば次のように書く．
(ア) $2+1\cdot i = 2+i$
(イ) $3+(-1)i = 3-i$
(ウ) $2+(-3)i = 2-3i$

(2) 四則計算は，$i^2 = -1$ とするほかは，文字 i の式と考えて行う．
(ア) $\sqrt{-2}\sqrt{-3} = (\sqrt{2}\,i)(\sqrt{3}\,i) = \sqrt{6}\,i^2 = -\sqrt{6}$
(イ) $\dfrac{\sqrt{-18}}{\sqrt{2}} = \dfrac{\sqrt{18}\,i}{\sqrt{2}} = \dfrac{3\sqrt{2}\,i}{\sqrt{2}} = 3i$
(ウ) $\dfrac{\sqrt{6}}{\sqrt{-3}} = \dfrac{\sqrt{6}}{\sqrt{3}\,i} = \dfrac{\sqrt{6}}{\sqrt{3}}\dfrac{i}{i^2} = \sqrt{2}\dfrac{i}{-1} = -\sqrt{2}\,i$ □

注意 1.1 $\sqrt{-2}\sqrt{-3} = \sqrt{(-2)(-3)} = \sqrt{6}$ …①

としてはいけない．

もともと，$\sqrt{-m}\,(m>0)$ は $\sqrt{m}\,i$ のことである．これにしたがって，i を用いて書き直すことが，他の計算に先行するのである．このようにすると，上記①のように，$a<0, b<0$ のとき $\sqrt{a}\sqrt{b} = \sqrt{ab}$ とはならない．

例 1.2 次の 2 次方程式の解を求めよ．
(1) $x^2+5 = 0$ (2) $3x^2+1 = 0$
(3) $x^2-2x+3 = 0$ □

[解] (1) $x^2 = -5$ ∴ $x = \pm\sqrt{-5} = \pm\sqrt{5}\,i$

(2) $x^2 = -\dfrac{1}{3}$ ∴ $x = \pm\sqrt{-\dfrac{1}{3}} = \pm\dfrac{1}{\sqrt{3}}\,i$

(3) $(x-1)^2 = -2$ より $x-1 = \pm\sqrt{-2}, x-1 = \pm\sqrt{2}\,i$
∴ $x = 1\pm\sqrt{2}\,i$ ■

注意 1.2 複素数には大小がない．例えば $0<i$ とする．つまり i は 0 より大きいと仮定する．そして $0<i$ の両辺に i を乗じたとき，i は正と仮定しているから，不等号の向きは変わらないので，$0\cdot i < i\cdot i = -1$ となり $0<-1$ という矛盾が生じる．

複素数の相等（互いに等しいこと）と四則計算（和，差，積，商）

複素数　実数 a, b と虚数単位 i を用いて $a+bi$ と表される数を**複素数**という．特に $b=0$ のとき複素数 $a+0\cdot i$ は実数を表すものとする．次に $b \neq 0$ のとき，複素数 $a+bi$ を**虚数**という．特に，$a=0, b \neq 0$ のとき，すなわち，bi の形の虚数を**純虚数**という（⇨ 図 1.1）．

さらに純虚数の特別な場合として $b=1$ のとき，i と書き**虚数単位**という．また複素数は，$z = a+bi$ のように，1 つの文字 z で表すことが多い．このとき，a, b は次のように表す．

$$a \text{ を } z \text{ の実部といい，} a = \mathrm{Re}\, z$$
$$b \text{ を } z \text{ の虚部といい，} b = \mathrm{Im}\, z$$

複素数の相等　2 つの複素数が等しいことを次のように定める．

複素数の相等の定義　a, b, c, d が実数のとき，
$$a + bi = c + di \iff a = c \text{ かつ } b = d \tag{1.1}$$
特に　　　$a + bi = 0 \iff a = 0 \text{ かつ } b = 0$

複素数の四則計算　複素数の四則計算は $i^2 = -1$ をもとにして次のように定める．

複素数の和と差の定義　和と差は i を中心にまとめる．
$$\begin{aligned}(a+bi) + (c+di) &= (a+c) + (b+d)i \\ (a+bi) - (c+di) &= (a-c) + (b-d)i\end{aligned} \tag{1.2}$$

複素数の積と商の定義
積はまず展開し，$i^2 = -1$ を用いる．そして i を中心にまとめる．
$$(a+bi)(c+di) = (ac - bd) + (ad + bc)i \tag{1.3}$$
商は $c - di$ を分母・分子にかけると，
$$\begin{aligned}\frac{a+bi}{c+di} &= \frac{(a+bi)(c-di)}{(c+di)(c-di)} = \frac{(ac+bd) + (bc-ad)i}{c^2 + d^2} \\ &= \frac{ac+bd}{c^2+d^2} + \frac{-ad+bc}{c^2+d^2} i \quad (c + di \neq 0)\end{aligned} \tag{1.4}$$

1.1 複素数

● **より理解を深めるために** ●

複素数 $\begin{cases} 実数 \quad a = a + 0 \cdot i \\ 虚数 \quad a + bi \, (b \neq 0) \end{cases}$

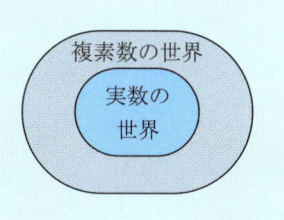

図 1.1

例 1.3 $x^2 - 4x + 7 = 0$ の解を求めよ.

[解] 判別式でみると, $D = 16 - 28 = -12 < 0$. 解の公式より,
$$x = 2 \pm \sqrt{-3}$$
となり, 実数の範囲では "解なし" と結論される. ところが解を複素数の範囲まで広げると, $2 \pm \sqrt{3}\,i$ が解となる.

例 1.4 $1 + i = \dfrac{x+i}{y-i}$ となる実数 x, y を求めよ.

[解] $1 + i = \dfrac{x+i}{y-i}$ の両辺に $y - i$ をかけて,
$$(1+i)(y-i) = x + i$$
左辺を展開して
$$y + 1 + (y-1)i = x + i$$
ここで y は実数であるから $y+1, y-1$ も実数であり, これが成り立つのは
$$y + 1 = x \quad かつ \quad y - 1 = 1$$
の場合である. これから $x = 3, y = 2$ となる.

(解答は章末の p.26 に掲載されています.)

問 1.1[†] 次の式を計算せよ.
(1) $\dfrac{(1-i)^2}{i}$ (2) $(2+i)^2$ (3) $\dfrac{1-i}{1+i}$ (4) $\dfrac{2}{1-3i}$
(5) $(3+2i)(2-i)(-7+9i)$

[†] 「演習と応用関数論」(サイエンス社) p.3 例題 1 (1), 問題 1.1 参照.

p.4 のように複素数の四則計算を定めると，次のことがわかる．

定理 1.1 (複素数の四則計算)　複素数に加減乗除を行えば，0 で割る場合を除けば，その結果として常に 1 つの複素数を得る．

また次の定理も重要である．

定理 1.2　2 つの複素数の積が 0 であるための必要かつ十分な条件は，その因数の少なくとも一方は 0 である．

[証明]　いま $(a+bi)(c+di)=0$ であるとすれば，この左辺を計算すると，
$$(ac-bd)+(bc+ad)i=0$$
となる．よって $ac-bd=0, bc+ad=0$ でなければならない．

したがって，$(ac-bd)^2+(bc+ad)^2=0$ となる．すなわち，
$$a^2c^2+b^2d^2+b^2c^2+a^2d^2=0.$$
この左辺を因数分解すると，
$$(a^2+b^2)(c^2+d^2)=0.$$
よって，$a^2+b^2=0, c^2+d^2=0$．ゆえに $a=b=0, c=d=0$．したがって，$a+bi=0, c+di=0$ である．

また逆に，この最後の式が成立すれば，順にさかのぼっていって最初の式に到達することができる．よってこの定理は証明された．　□

共役な複素数　複素数 $z=a+bi$ (a, b は実数) に対して $a-bi$ を**共役な複素数**といって，$\bar{z}$ で表す．$a-bi$ の共役な複素数は $a-(-b)i=a+bi$ である．そこで $a+bi$ と $a-bi$ を**互いに共役な複素数**という．また共役な複素数について次のことが成り立つ．

定理 1.3 (共役な複素数の性質)　(⇨ 例 1.5，問 1.2)
(1)　$\operatorname{Re} z = \dfrac{z+\bar{z}}{2}, \quad \operatorname{Im} z = \dfrac{z-\bar{z}}{2i}$
複素数 z に対する共役な複素数 $\bar{z}$ は，四則計算を保存する．すなわち
(2)　$\overline{z_1+z_2}=\bar{z}_1+\bar{z}_2, \quad \overline{z_1-z_2}=\bar{z}_1-\bar{z}_2,$
$\overline{z_1 z_2}=\bar{z}_1 \bar{z}_2, \quad \overline{\left(\dfrac{z_1}{z_2}\right)}=\dfrac{\bar{z}_1}{\bar{z}_2} \quad (z_2 \neq 0)$

より理解を深めるために

例 1.5 $\overline{z_1 z_2} = \overline{z}_1 \cdot \overline{z}_2$ を示せ.

[解] $z_1 = x_1 + y_1 i, z_2 = x_2 + y_2 i$ とおくと,
$$\overline{z}_1 = x_1 - y_1 i, \quad \overline{z}_2 = x_2 - y_2 i$$
よって,
$$\begin{aligned}\overline{z}_1 \cdot \overline{z}_2 &= (x_1 - y_1 i)(x_2 - y_2 i) = (x_1 x_2 - y_1 y_2) - (x_1 y_2 + x_2 y_1)i \\ &= \overline{(x_1 x_2 - y_1 y_2) + (x_1 y_2 + x_2 y_1)i} \\ &= \overline{(x_1 + y_1 i)(x_2 + y_2 i)} = \overline{z_1 z_2}\end{aligned}$$
∎

例 1.6 2次方程式を $\quad az^2 + bz + c = 0 \quad (a \neq 0) \quad \cdots ①$
と書くとき, a, b, c が実数ならば, 複素数 $\gamma = \alpha + \beta i \ (\beta \neq 0)$ が ① の解であるとき, その共役複素数 $\overline{\gamma} = \alpha - \beta i$ も ① の解であることを示せ.

[解] 仮定から γ を ① に代入すると,
$$a\gamma^2 + b\gamma + c = 0 \quad \cdots ②$$
が成り立ち, この等式の両辺の共役な複素数を考えると, p.6 の定理 1.3 から
$$\overline{a\gamma^2} + \overline{b\gamma} + \overline{c} = 0 \quad \cdots ③$$
となる. ところが a, b, c は実数であるから $\overline{a} = a, \overline{b} = b, \overline{c} = c$, および $\overline{(\gamma^2)} = (\overline{\gamma})^2$ より, $a\overline{\gamma}^2 + b\overline{\gamma} + c = 0$. よって, $\overline{\gamma}$ も ① の解となる. ∎

注意 1.3 a, b, c が虚数ならば, $z = \gamma$ が ① の解であっても, $z = \overline{\gamma}$ は ③ により, 2次方程式 $\overline{a}z^2 + \overline{b}z + \overline{c} = 0$ の解であるが, ① の解にはならない.

次に2次方程式だけでなく, 複素数を係数とするいかなる代数方程式
$$a_0 z^n + a_1 z^{n-1} + \cdots + a_{n-1} z + a_n = 0 \quad (a_0 \neq 0)$$
は複素数の範囲で解をもつことが, ガウスによって証明された. これを**代数学の基本定理**という ($\Rightarrow$ p.118 の定理 6.4).

問 1.2 共役な複素数に関する次の性質を証明せよ.

(1) $\overline{z_1 + z_2} = \overline{z_1} + \overline{z_2}$ (2) $\overline{z_1 - z_2} = \overline{z_1} - \overline{z_2}$

(3) $\overline{(z_1/z_2)} = \overline{z_1}/\overline{z_2} \ (z_2 \neq 0)$ (4) $\mathrm{Re}\, z = (z + \overline{z})/2$

(5) $\mathrm{Im}\, z = (z - \overline{z})/2i$

問 1.3 複素数平面上の 1 点を z とするとき, $\overline{z}, -\overline{z}, -z$ を図示せよ.

1.2 複素数平面・極形式

複素数平面 (ガウス平面)　座標平面上には (x, y) を座標にもつ点 P がただ 1 つある．この点 $P(x, y)$ を複素数 $z = x + yi$ に対応させて考えると，すべての複素数がこの平面上の点で表される．このようにして，複素数 $z = x + yi$ を座標平面上の点 $P(x, y)$ で表す場合，この平面を**複素数平面**といい，x 軸を**実軸**，y 軸を**虚軸**という．また，複素数 $z = x + yi$ を表す点 P を，単に**点 z** と呼び，$P(z)$ または $P(x + yi)$ と書く（⇨ 図 1.2）．

複素数の絶対値　複素数 $z = x + yi$ に対し，複素数平面上で，原点 O と点 z の間の距離 $\sqrt{x^2 + y^2}$ を z の**絶対値**といい，$|z|$ または $|x + yi|$ で表す．

> 複素数の絶対値　　$|z| = |x + yi| = \sqrt{x^2 + y^2}$　（⇨ 図 1.3）
>
> 複素数の絶対値の性質　　$|z| = 0 \iff z = 0$ (1.5)
>
> $|z| = |-z| = |\overline{z}|, \quad z\overline{z} = |z|^2$

複素数の極形式　複素数平面で，複素数 $z = x + yi \, (z \neq 0)$ を表す点を P とし，OP の長さを r，半直線 OP が実軸の正の向きとなす角を θ とすると，$r = |z|$ で $x = r\cos\theta, y = r\sin\theta$ となる．ゆえに，複素数 z は次式で表される．

$$z = r(\cos\theta + i\sin\theta) \quad (\Rightarrow 図 1.4)$$

これを，複素数 z の**極形式**という．また θ を z の**偏角**といい，$\arg z$ [†] で表す．

偏角 θ は，$0 \leqq \theta < 2\pi$ または $-\pi < \theta \leqq \pi$ の範囲でただ 1 通りに定まる．これを θ_0 とすると，z の偏角は一般に次のように表される．

$$\arg z = \theta_0 + 2n\pi \quad (n \text{ は整数})$$

> 複素数の極形式　　$z \neq 0$ のとき
>
> $z = x + yi = r(\cos\theta + i\sin\theta)$
>
> ただし　$r = |z| = \sqrt{x^2 + y^2}, \quad \cos\theta = x/r, \quad \sin\theta = y/r$ (1.6)

[†] 記号 arg は偏角を意味する．argument から出ている．

1.2 複素数平面・極形式

● **より理解を深めるために**

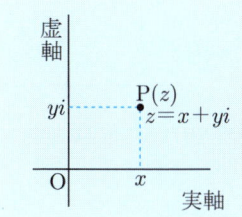

図 1.2　複素数平面 (ガウス平面)

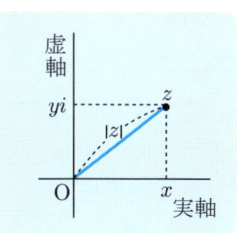

図 1.3　複素数の絶対値

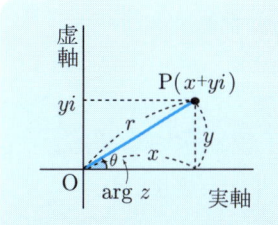

図 1.4　複素数の極形式

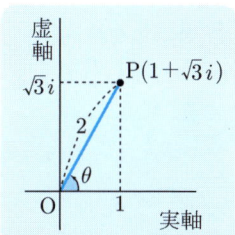

図 1.5　$1+\sqrt{3}i$ の極形式表示

例 1.7　複素数 $1+\sqrt{3}i$ を極形式で表せ．ただし偏角の範囲は $0 \leqq \theta < 2\pi$ とする．

[解]　$1+\sqrt{3}i$ の絶対値を r とすると，$r = \sqrt{1^2+(\sqrt{3})^2} = 2$．また偏角 θ は $\cos\theta = 1/2, \sin\theta = \sqrt{3}/2$ をみたすから，$0 \leqq \theta < 2\pi$ の範囲で，$\theta = \pi/3$．よって $1+\sqrt{3}i = 2\left(\cos\dfrac{\pi}{3} + i\sin\dfrac{\pi}{3}\right)$ （⇨図 1.5）．

例 1.8　$z\bar{z} = |z|^2$ を示せ．

[解]　$z = x+yi$ とすると，$z\bar{z} = (x+yi)(x-yi) = x^2+y^2$．また，$|z|^2 = |x+yi|^2 = (\sqrt{x^2+y^2})^2 = x^2+y^2$．よって $z\bar{z} = |z|^2$．

問 1.4　複素数平面上に，次の複素数を表す点を記せ．
(1) $-4+3i$　(2) $3-2i$　(3) -3　(4) $5i$　(5) 0

問 1.5　次の複素数の極形式を求めよ．
(1) $-i$　(2) $-1+\sqrt{3}i$　(3) $1-i$

問 1.6　次の不等式を証明せよ．
$$|z_1|-|z_2| \leqq |z_1+z_2| \leqq |z_1|+|z_2| \quad \text{（三角不等式）}$$

複素数平面における加法と減法　複素数の加法と減法を複素数平面で考えてみよう．

2つの複素数を　　　$z = a + bi, \quad w = p + qi$

とすると，その和は次のようになる．

$$z + w = (a + bi) + (p + qi) = (a + p) + (b + q)i$$

よって，複素数平面上で，点 $z, w, z+w$ について考えると，点 $z+w$ は点 z を実軸方向に p，虚軸方向に q だけ移動した点である．

$w = p + qi$ とするとき，複素数平面上の各点 z を，実軸方向に p，虚軸方向に q だけ移動することを，点 z を w だけ**平行移動**するという．

点 z を w だけ平行移動すると，点 z は原点 O から点 w に向う向きに，$|w|$ だけ移動する（⇨図 1.6）．

また，$z - w = z + (-w)$ であるから，$-w$ だけの平行移動によって，点 z は点 $z - w$ に移される．よって，次の (1)，(2) が成り立つ．

複素数平面における加法と減法

(1)　**加法**　点 $z+w$ は，点 z を原点 O から点 w に向う向きに $|w|$ だけ移動した点である（⇨図 1.7）．

(2)　**減法**　点 $z-w$ は，点 z を点 w から原点 O に向う向きに $|w|$ だけ移動した点である（⇨図 1.8）．

複素数平面における実数倍　k を実数とし，複素数 $z = a + bi\,(z \neq 0)$ を考えると，kz は次のようになる．

$$kz = k(a + bi) = ka + kbi$$

よって，複素数平面上で，点 z の表す点を P とすると，

<u>$k > 0$ のとき</u>　点 kz は直線 OP 上の点で，原点 O に関して，点 z と同じ側で，原点からの距離を $|z|$ の k 倍に拡大または縮小した点である（⇨図 1.9）．

<u>$k < 0$ のとき</u>　点 kz は直線 OP 上の点で，原点 O に関して，点 z と反対側にあり，原点からの距離を $|z|$ の $|k|$ 倍に拡大または縮小した点である（⇨図 1.10）．

<u>$k = 0$ のとき</u>　$kz = 0$

1.2 複素数平面・極形式

● **より理解を深めるために**

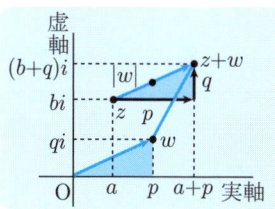

図 1.6　点 z を $|w|$ だけ平行移動

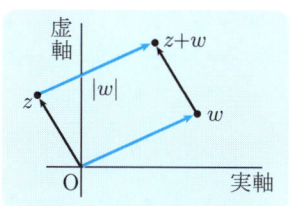

図 1.7　複素数の加法

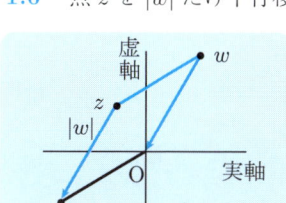

図 1.8　複素数の減法

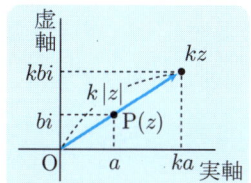

図 1.9　実数倍 ($k > 0$)

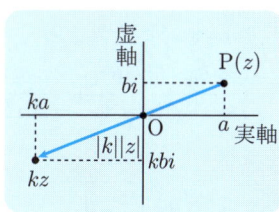

図 1.10　実数倍 ($k < 0$)

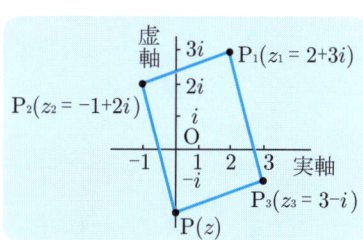

図 1.11　例 1.9 の図

例 1.9　$z_1 = 2+3i, z_2 = -1+2i, z_3 = 3-i$ の表す点を P_1, P_2, P_3 とする．線分 P_1P_2, P_1P_3 を 2 辺とする平行四辺形の残りの頂点を求めよ．

[解]　第 4 の頂点を $P(z)$ とすると，$z_2 - z_1 = z - z_3$．よって，
$$z = z_2 - z_1 + z_3 \quad \therefore \quad z = -2i \ (\Rightarrow 図 1.11).$$

問 1.7　複素数 z_1, z_2 を表す点が右図のように与えられたとき，$z_1 - 2z_2$ の表す点を図示せよ．また，k が実数全体を動くとき $z_1 + kz_2$ 全体はどんな図形を描くか．

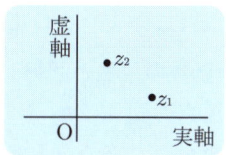

図 1.12

複素数の乗法と除法　2つの複素数の乗法について，極形式を用いて考えてみよう．0でない2つの複素数 z_1, z_2 の極形式を，
$$z_1 = r_1(\cos\theta_1 + i\sin\theta_1), \quad z_2 = r_2(\cos\theta_2 + i\sin\theta_2)$$
として，積 $z_1 \cdot z_2$ を計算すると，
$$z_1 z_2 = r_1 r_2 (\cos\theta_1 + i\sin\theta_1)(\cos\theta_2 + i\sin\theta_2)$$
$$= r_1 r_2 \{(\cos\theta_1\cos\theta_2 - \sin\theta_1\sin\theta_2) + i(\sin\theta_1\cos\theta_2 + \cos\theta_1\sin\theta_2)\}$$
$$= r_1 r_2 \{\cos(\theta_1 + \theta_2) + i\sin(\theta_1 + \theta_2)\} \tag{1.7}$$
以上のことから，2つの複素数の積について次のことが成り立つ．

> **複素数の積の絶対値と偏角**　2つの複素数を z_1, z_2 とするとき
> $$|z_1 z_2| = |z_1|\,|z_2|, \quad \arg z_1 z_2 = \arg z_1 + \arg z_2 \tag{1.8}$$

偏角についての上の等式 (1.8) は両辺の角が 2π の整数倍の差を除いて一致することを意味している．以後，偏角についての等式は，この意味で成り立つことを表す．次に，2つの複素数の除法について考えてみよう．
$$\frac{1}{z_2} = \frac{1}{r_2(\cos\theta_2 + i\sin\theta_2)} = \frac{1}{r_2} \cdot \frac{\cos\theta_2 - i\sin\theta_2}{(\cos\theta_2 + i\sin\theta_2)(\cos\theta_2 - i\sin\theta_2)}$$
$$= (1/r_2)\{\cos(-\theta_2) + i\sin(-\theta_2)\}$$
$$\therefore \quad z_1/z_2 = r_1 \cdot (1/r_2)\{\cos\{\theta_1 + (-\theta_2)\} + i\sin\{\theta_1 + (-\theta_2)\}\}$$
$$= (r_1/r_2)\{\cos(\theta_1 - \theta_2) + i\sin(\theta_1 - \theta_2)\} \tag{1.9}$$
以上のことから，2つの複素数の商について，次のことが成り立つ．

> **複素数の商の絶対値と偏角**　2つの複素数を z_1, z_2 とするとき
> $$\left|\frac{z_1}{z_2}\right| = \frac{|z_1|}{|z_2|}, \quad \arg\frac{z_1}{z_2} = \arg z_1 - \arg z_2 \tag{1.10}$$

上記 (1.8) より次のことが成り立つ．

> **複素数の乗法と回転**　複素数 z_2 の偏角を θ_2 とする．点 $z_2 \cdot z_1$ は，点 z_1 を原点の周りに θ_2 だけ回転移動し，原点からの距離を $|z_2|$ 倍に拡大または縮小した点である（⇨ 図 1.13）．

1.2 複素数平面・極形式

● **より理解を深めるために** ●

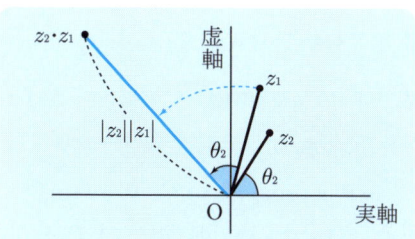

図 1.13 複素数の乗法と回転

例 1.10 $z_1 = 1+i, z_2 = 1-\sqrt{3}i, z_3 = 3(-1+i)$ のとき，$z_1 z_2 / z_3$ の絶対値と偏角を求めよ（⇨図 1.14）．

[解] $z_1 = \sqrt{2}\{\cos(\pi/4) + i\sin(\pi/4)\}$
$z_2 = 2\{\cos(-\pi/3) + i\sin(-\pi/3)\}$
$z_3 = 3\sqrt{2}\{(\cos(3\pi/4) + i\sin(3\pi/4)\}$

$\therefore \left|\dfrac{z_1 z_2}{z_3}\right| = \dfrac{|z_1||z_2|}{|z_3|} = \dfrac{\sqrt{2} \cdot 2}{3\sqrt{2}} = \dfrac{2}{3}$

$\therefore \arg(z_1 \cdot z_2 / z_3) = \arg z_1 + \arg z_2 - \arg z_3$
$= (-5\pi)/6$

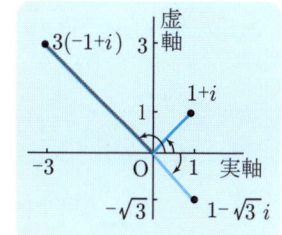

図 1.14

例 1.11 点 $(1+i) \cdot z$ は，点 z をどのように移動した点であるか．

[解] $1+i = \sqrt{2}\left(\cos\dfrac{\pi}{4} + i\sin\dfrac{\pi}{4}\right)$ であるので，求める点 $(1-i) \cdot z$ は点 z を原点の周りに $\pi/4$ だけ回転し，原点からの距離を $\sqrt{2}$ 倍に拡大した点である（⇨図 1.15）．

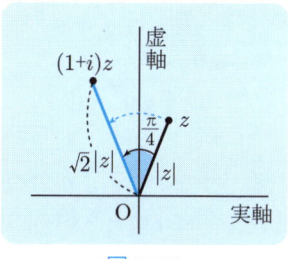

図 1.15

問 1.8 次の 2 つの複素数 z_1, z_2 に対し，複素数平面上の 2 点を，$P_1(z_1), P_2(z_2)$ とするとき，$\angle P_2 O P_1$ の大きさを求めよ．

(1) $z_1 = \sqrt{3}+i, \quad z_2 = 1-i$ 　　(2) $z_1 = i, \quad z_2 = 1+i$

1.3 ド・モアブルの定理

p.12 で学んだ複素数の乗法の公式 (1.7) により, $r_1 = r_2 = 1$ のとき,

$$(\cos\theta_1 + i\sin\theta_1)(\cos\theta_2 + i\sin\theta_2) = \cos(\theta_1 + \theta_2) + i\sin(\theta_1 + \theta_2)$$

が成り立つ. この式において, $\theta_1 = \theta_2 = \theta$ とすると,

$$(\cos\theta + i\sin\theta)^2 = \cos 2\theta + i\sin 2\theta$$

この両辺に $\cos\theta + i\sin\theta$ をかけ, 右辺に再び (1.7) を $\theta_1 = \theta, \theta_2 = 2\theta$ として適用すると,

$$(\cos\theta + i\sin\theta)^3 = \cos 3\theta + i\sin 3\theta$$

同様にして $\quad (\cos\theta + i\sin\theta)^4 = \cos 4\theta + i\sin 4\theta$

これを繰り返して, n が正の整数のとき, 次の式が成り立つ.

$$(\cos\theta + i\sin\theta)^n = \cos n\theta + i\sin n\theta \qquad \cdots ①$$

この証明では n が自然数でなければならないが, この定理は n が負の整数 n に対しても成立する. なぜならば, いま, n を負の整数とし,

$$n = -m \quad (m > 0)$$

とすれば

$$(\cos\theta + i\sin\theta)^n = \frac{1}{(\cos\theta + i\sin\theta)^m} = \frac{1}{\cos m\theta + i\sin m\theta}$$

この分母, 分子に $(\cos m\theta - i\sin m\theta)$ をかけると,

$$\frac{\cos m\theta - i\sin m\theta}{\cos^2 m\theta + \sin^2 m\theta} = \cos m\theta - i\sin m\theta = \cos(-n\theta) - i\sin(-n\theta)$$
$$= \cos n\theta + i\sin n\theta$$

である. すなわち, n が負の整数のとき, ① は成り立つ.

また, $n = 0$ のとき明らかに ① は成り立つ.

よって, 次のド・モアブル (A.de Moivre, 1667~1754, フランスの数学者) の定理が成り立つ.

定理 1.4 (ド・モアブルの定理) n が整数 (正, 0, 負) のとき,

$$(\cos\theta + i\sin\theta)^n = \cos n\theta + i\sin n\theta \qquad (1.11)$$

1.3 ド・モアブルの定理

● **より理解を深めるために** ●

例 1.12 複素数 $(1+\sqrt{3}i)^5$ の値を求めよ. □

[解] 極形式で表すと, $1+\sqrt{3}i = 2\{\cos(\pi/3) + i\sin(\pi/3)\}$.
ゆえに, ド・モアブルの定理により

$$(1+\sqrt{3}i)^5 = 2^5\{\cos(\pi/3) + i\sin(\pi/3)\}^5$$
$$= 32\{\cos(5\pi/3) + i\sin(5\pi/3)\} = 32(1/2 - \sqrt{3}i/2) \quad ■$$

例 1.13 ド・モアブルの公式を用いて, 次式を示せ. ($\theta \neq 2n\pi$)

$$\cos\theta + \cos 2\theta + \cdots + \cos n\theta = \frac{\sin(n\theta/2)}{\sin(\theta/2)} \cdot \cos\left(\frac{n+1}{2}\theta\right) \quad □$$

[解] $z = \cos\theta + i\sin\theta$ とおくと, ド・モアブルの定理により, $z^k = \cos k\theta + i\sin k\theta$ となることから

$$\sum_{k=1}^{n} z^k = \sum_{k=1}^{n} \cos k\theta + i\sum_{k=1}^{n} \sin k\theta \quad \cdots ①$$

となる. 一方 $\displaystyle\sum_{k=1}^{n} z^k = z(1 + z + \cdots + z^{n-1}) = \frac{z(z^n - 1)}{z - 1}$.

$$z^n - 1 = (\cos n\theta - 1) + i\sin n\theta = 2i\sin\frac{n\theta}{2}\left(\cos\frac{n\theta}{2} + i\sin\frac{n\theta}{2}\right)$$

$$\frac{1}{z-1} = \frac{1}{\cos\theta - 1 + i\sin\theta}$$
$$= \frac{\{\cos(\theta/2) + i\sin(\theta/2)\}^{-1}}{2i\sin(\theta/2)} = \frac{\cos(-\theta/2) + i\sin(-\theta/2)}{2i\sin(\theta/2)}$$

$$\therefore \quad \sum z^k = (\cos\theta + i\sin\theta)2i\sin\frac{n\theta}{2}\left(\cos\frac{n\theta}{2} + i\sin\frac{n\theta}{2}\right)$$
$$\times \frac{\cos(\theta/2) - i\sin(\theta/2)}{2i\sin(\theta/2)}$$
$$= \frac{\sin(n\theta/2)}{\sin(\theta/2)}\left(\cos\frac{n+1}{2}\theta + i\sin\frac{n+1}{2}\theta\right) \quad \cdots ②$$

よって, ①の右辺の実部と②の右辺の実部が等しいことより求める式を得る. ■

問 1.9 $\left(\dfrac{1}{2} - \dfrac{\sqrt{3}}{2}i\right)^{29} = a + bi$ であるような実数 a, b を求めよ.

2項方程式，1のn乗解　方程式
$$z^n = \alpha \quad (n：正の整数，\alpha：複素数) \quad \cdots ①$$
を2項方程式という．①の解を求めるには極形式が有効である．
$$\alpha = r(\cos\theta + i\sin\theta) \quad (r > 0, 0 \leqq \theta < 2\pi)$$
$$z = R(\cos\Theta + i\sin\Theta) \quad (R > 0, 0 \leqq \Theta < 2\pi)$$
とすると，ド・モアブルの定理 (p.14) から
$$R^n(\cos n\Theta + i\sin n\Theta) = r(\cos\theta + i\sin\theta) \quad \cdots ②$$
まず，この数の絶対値を考えて，$R^n = r$．R, r は正の実数であるから，$R = \sqrt[n]{r}$．次に②から，
$$\cos n\Theta = \cos\theta, \quad \sin n\Theta = \sin\theta \quad \therefore \quad n\Theta = \theta + 2k\pi$$
ここで θ, Θ は $0 \leqq \theta < 2\pi, 0 \leqq \Theta < 2\pi$ に限ってよいから，
$$\Theta = (\theta + 2k\pi)/n \quad (k = 0, 1, \cdots, n-1)$$
よって，①の解は次の n 個の複素数である．
$$z = \sqrt[n]{r}\left(\cos\frac{\theta + 2k\pi}{n} + i\sin\frac{\theta + 2k\pi}{n}\right) \quad (k = 0, 1, \cdots, n-1) \quad (1.12)$$

1のn乗解　2項方程式 $z^n = 1$ の解を特に**1のn乗解**という．1のn乗解は上記 (1.12) より次の n 個の複素数である．
$$z = \cos\frac{2k\pi}{n} + i\sin\frac{2k\pi}{n} \quad (k = 0, 1, 2, \cdots, n-1) \quad \cdots ③$$
この n 乗解の中で，特に $k = 1$ のときを次式で表すと，
$$\omega = \cos(2\pi/n) + i\sin(2\pi/n) \quad (\omega \text{はオメガと読む})$$
そうすると，③の値は $\omega^0, \omega^1, \cdots, \omega^{n-1}$ ($\omega^0 = 1, \omega^n = 1$) となる．これらは次ページの図 1.16 のように，原点を中心とする半径1の円を n 等分する点である．

次に，$z^n - 1$ を因数分解すると，
$$z^n - 1 = (z-1)(z^{n-1} + z^{n-2} + \cdots + z + 1)$$
となるので，ω には次の性質がある．
$$\omega^n = 1, \quad \omega^{n-1} + \omega^{n-2} + \cdots + \omega + 1 = 0$$

● **より理解を深めるために**

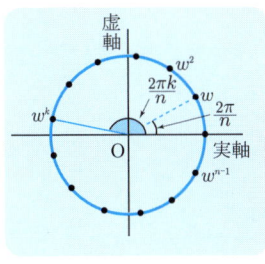

図 1.16　1 の n 乗解

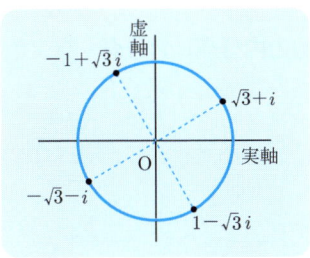

図 1.17　例 1.14 の図

例 1.14　$z^4 = 8(-1+\sqrt{3}\,i)$ を解き，結果を複素数平面上に図示せよ．

[解]　$z = r(\cos\theta + i\sin\theta)\ (r > 0, 0 \leqq \theta < 2\pi)$ とすると，
$-1+\sqrt{3}\,i = 2\{\cos(2\pi/3) + i\sin(2\pi/3)\}$ から
$$r^4(\cos 4\theta + i\sin 4\theta) = 16\,\{\cos(2\pi/3) + i\sin(2\pi/3)\}$$
$$\therefore\quad r^4 = 16,\quad 4\theta = 2\pi/3 + 2\pi k$$
$$\therefore\quad r = 2,\ \theta = \pi/6 + \pi k/2\quad (k = 0, 1, 2, 3)$$

ゆえに解は，$z = \pm(\sqrt{3}+i),\ \pm(1-\sqrt{3}\,i)$，図は上の図 1.17 である．

例 1.15　ω を $z^5 = 1$ の解で，$\omega \neq 1$ とするとき，次式の値を求めよ．
$$\frac{1}{1-\omega} + \frac{1}{1-\omega^2} + \frac{1}{1-\omega^3} + \frac{1}{1-\omega^4}$$

[解]　ω は 1 の 5 乗解（前ページより）であるから，$\quad \omega^5 = 1 \quad \cdots ①$
$$\omega^5 - 1 = (\omega - 1)(\omega^4 + \omega^3 + \omega^2 + \omega + 1) = 0$$

$\omega \neq 1$ より，$\quad\quad\quad\quad\quad \omega^4 + \omega^3 + \omega^2 + \omega + 1 = 0$

$\dfrac{1}{1-\omega^4} = \dfrac{\omega}{\omega - \omega^5} = \dfrac{\omega}{\omega - 1}$（① より）　$\therefore\ \dfrac{1}{1-\omega} + \dfrac{1}{1-\omega^4} = \dfrac{1}{1-\omega} + \dfrac{\omega}{\omega-1}$
$$= 1$$

$\dfrac{1}{1-\omega^3} = \dfrac{\omega^2}{\omega^2 - \omega^5} = \dfrac{\omega^2}{\omega^2 - 1}$　$\therefore\ \dfrac{1}{1-\omega^2} + \dfrac{1}{1-\omega^3} = \dfrac{1}{1-\omega^2} + \dfrac{\omega^2}{\omega^2-1} = 1$

したがって，求める式の値は 2 である．

問 1.10[†]　$z^3 = 1 + i$ の解を求め，解の位置を図示せよ．

---

† 「演習と応用関数論」（サイエンス社）p.4 の例題 2 を参照．

1.4 平面図形と複素数

線分の内分点，外分点 複素数平面上の 2 点 z_1, z_2 を結ぶ線分を $m:n$ に内分または外分する点は次のように表せる（⇨図 1.18）．

> 内分する点は $\dfrac{nz_1 + mz_2}{m+n}$, 　外分する点は $\dfrac{-nz_1 + mz_2}{m-n}$ 　　　(1.13)
>
> （m, n は正の整数とする）

2 点間の距離 複素数平面上の 2 点 $A(z_1), B(z_2)$ 間の距離 AB を求める．点 A が原点に重なるように線分 AB を平行移動すると，この平行移動によって，点 B は点 $C(z_2 - z_1)$ に移され，
$$AB = OC, \quad OC = |z_2 - z_1|$$
である．したがって次のことが成り立つ（⇨図 1.19）．

> **2 点間の距離** 2 点 $A(z_1), B(z_2)$ 間の距離 AB は
> $$AB = |z_2 - z_1| \qquad (1.14)$$

2 直線のなす角 次ページの図 1.20 のように，複素数平面上の異なる 3 点 $A(z_1), B(z_2), C(z_3)$ に対して，半直線 AB を点 A の周りを半直線 AC まで回転したときできる角を $\angle BAC$ で表すことにする．

ここで，点 A が原点に重なるような平行移動によって，2 点 B, C はそれぞれ $B'(z_2 - z_1), C'(z_3 - z_1)$ に移されるから
$$\angle BAC = \angle B'OC' = \arg(z_3 - z_1) - \arg(z_2 - z_1) = \arg\left(\frac{z_3 - z_1}{z_2 - z_1}\right)$$

> **2 直線のなす角** 3 点 $A(z_1), B(z_2), C(z_3)$ に対して
> $$\angle BAC = \arg\left(\frac{z_3 - z_1}{z_2 - z_1}\right) \qquad (1.15)$$

複素数 $\dfrac{z_3 - z_1}{z_2 - z_1}$ において，$\left|\dfrac{z_3 - z_1}{z_2 - z_1}\right| = r$, $\arg\left(\dfrac{z_3 - z_1}{z_2 - z_1}\right) = \theta$ とおくと，与えられた複素数は次のように極形式で表すことができる．

$$\frac{z_3 - z_1}{z_2 - z_1} = r(\cos\theta + i\sin\theta) \qquad (1.16)$$

1.4 平面図形と複素数

● **より理解を深めるために** ●

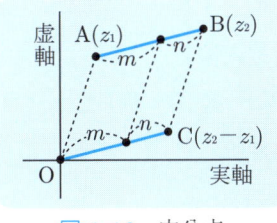

図 1.18 内分点

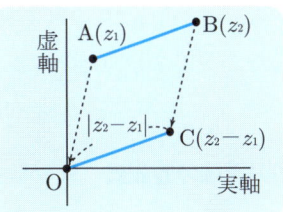

図 1.19 2 点間の距離

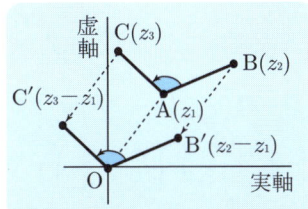

図 1.20 2 直線のなす角

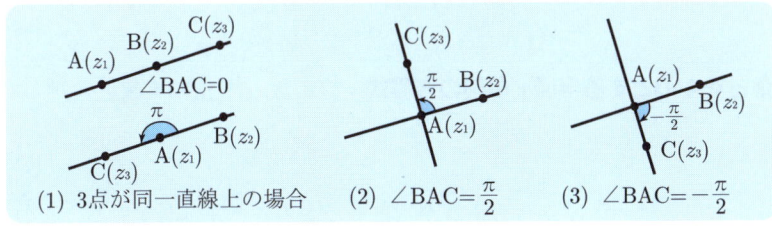

図 1.21

例 1.16 3 点 $A(z_1)$, $B(z_2)$, $C(z_3)$ に対して，A, B, C が同一直線上にあるときは（⇨ 図 1.21(1)），$\angle BAC = 0$ または π であるから，$\cos\theta + i\sin\theta = 1$ または -1 である．よって，前ページの (1.16) より，3 点 A, B, C が同一直線上にあるときは，$(z_3 - z_1)/(z_2 - z_1)$ は実数である．

また，$\angle BAC$ が $\pi/2$ または $-\pi/2$ のときすなわち $AB \perp AC$ のとき（⇨ 図 1.21(2), (3)）は，$(z_3 - z_1)/(z_2 - z_1)$ は純虚数である． □

問 1.11 複素数平面上の $1 + 2i$, 3 を表す点をそれぞれ B, C とする．BC を辺とする正三角形 ABC の頂点 A を表す複素数を求めよ．

2定点 z_1, z_2 を通る直線の方程式 3点 z, z_1, z_2 が同一直線上にあるときを考える．つまり p.19 の例 1.16 より，t を実数とすると，$\dfrac{z-z_1}{z_2-z_1}=t$ となる．したがって 2 定点 z_1, z_2 を通る直線の方程式は，

$$z - z_1 = t(z_2 - z_1) \quad (t\text{ は実数})（⇨図 1.22） \tag{1.17}$$

一般の直線の方程式 複素数平面上に直線

$$ax + by + c = 0 \quad (a, b, c \text{ は実数})$$

があるとし，$z = x + yi$ がこの直線上にあるとすると，$\overline{z} = x - yi$ から

$$x = \frac{z + \overline{z}}{2}, \quad y = \frac{z - \overline{z}}{2i}$$

よって，

$$\frac{a}{2}(z + \overline{z}) + \frac{b}{2i}(z - \overline{z}) + c = 0$$

$$\left(\frac{a}{2} - \frac{b}{2}i\right)z + \left(\frac{a}{2} + \frac{b}{2}i\right)\overline{z} + c = 0$$

そこで，$\dfrac{a}{2} - \dfrac{b}{2}i = \alpha$ とすると，$\dfrac{a}{2} + \dfrac{b}{2}i = \overline{\alpha}$ であり

$$\alpha z + \overline{\alpha}\,\overline{z} + c = 0 \quad (c \text{ は実数}) \tag{1.18}$$

点 α を中心とする半径 r の円の方程式 複素数 α と正の実数 r に対して，

$$|z - \alpha| = r \tag{1.19}$$

をみたす点 z は，点 α からの距離が常に r であることを示している．このことから，この等式をみたす点 z は点 α を中心とする半径 r の円である（⇨図 1.23）．

この両辺を 2 乗して，

$$|z - \alpha|^2 = r^2.$$

p.8 の (1.5) により

$$(z - \alpha)(\overline{z} - \overline{\alpha}) = r^2$$

$$\therefore \quad z\overline{z} - \overline{\alpha}z - \alpha\overline{z} + |\alpha|^2 - r^2 = 0$$

よって，円の方程式は次のようにも表される．

$$z\overline{z} - \overline{\alpha}z - \alpha\overline{z} + c = 0 \quad (c = |\alpha|^2 - r^2) \tag{1.20}$$

● **より理解を深めるために**

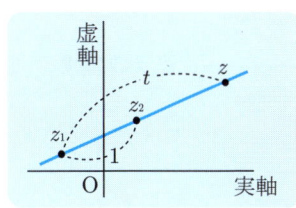

図 1.22 2定点を通る直線

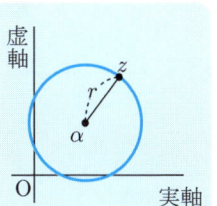

図 1.23 α を中心とした半径 r の円

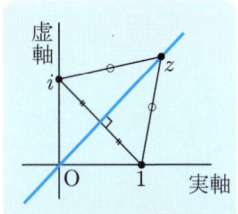

図 1.24 $|z-1|=|z-i|$

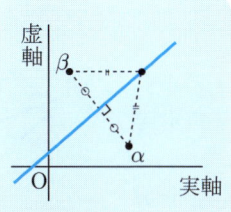

図 1.25 $|z-\alpha|=|z-\beta|$

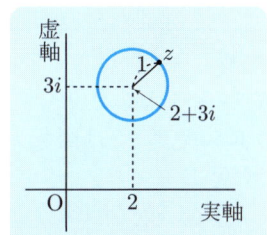

図 1.26 $|z-(2+3i)|=1$

例 1.17 複素数平面上で，等式
$$|z-1|=|z-i|$$
をみたす点は図 1.24 のように，2点 $1, i$ からの距離が等しい点である．したがって，点 z は 2点 $1, i$ を結ぶ垂直二等分線上にある．

一般に異なる2つの複素数 α, β に対して，等式
$$|z-\alpha|=|z-\beta| \tag{1.21}$$
で表される図形は，2点 α, β を結ぶ線分の垂直二等分線である（⇨ 図 1.25）． □

例 1.18 複素数 z が等式
$$|z-(2+3i)|=1 \qquad \cdots ①$$
をみたすとき，点 z は点 $2+3i$ からの距離が 1 の点である．よって，① の表す図形は，点 $2+3i$ を中心とし，半径が 1 の円である（⇨ 図 1.26）． □

問 1.12 次の方程式をみたす円の中心と半径を求めよ．
(1) $z\bar{z}=1$
(2) $z\bar{z}+iz-i\bar{z}=0$

演 習 問 題

── 例題 1.1 ──────────────────────── 複素数の積の図示 ──

z_1, z_2 が右図のように与えられたとき，この 2 つの複素数の積 $z_1 \cdot z_2$ を図示する方法を述べ，次にその理由を述べよ．

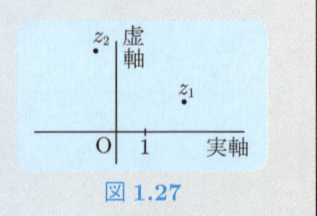

図 1.27

[解] 右図のように $P_1(z_1)$, $P_2(z_2)$, $A(1)$ とする．$\triangle OP_1A$ を O のまわりに $\arg z_2$ だけ回転した三角形を $\triangle OQ_1B$ とする．

次に点 P_2 から線分 BQ_1 に平行線を引き，直線 OQ_1 との交点を Q_2 とする．点 Q_2 が求める $z_1 \cdot z_2$ である．

〔理由〕 $OQ_1 = OP_1 = |z_1| = r_1$, $OP_2 = |z_2| = r_2$ とする．$\triangle OQ_2P_2$ において，$OB = 1$ であるので，

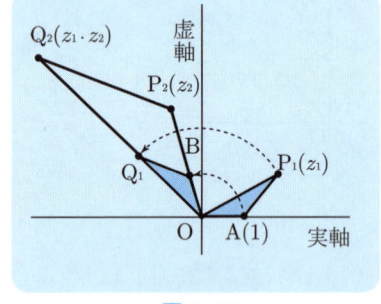

図 1.28

$$\frac{OQ_2}{OQ_1} = \frac{OP_2}{OB} \quad \text{から} \quad OQ_2 = OQ_1 \cdot OP_2 = r_1 r_2$$

である．また，

$$\angle Q_2OA = \angle Q_1OB + \angle P_2OA = \arg z_1 + \arg z_2$$

が成立する．

(解答は章末の p.27 に掲載されています.)

演習 1.1 z が右図のように，複素数平面上に与えられたとき，z^2 を図示する方法を述べ，次にその理由を述べよ．

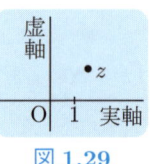

図 1.29

例題 1.2 ―――――――――――――――――― $(z_4 - z_1)/(z_3 - z_1)$ の偏角 ―

複素数平面上で同一直線上にない，相異なる 4 点 $P_1(z_1)$, $P_2(z_2)$, $P_3(z_3)$, $P_4(z_4)$ があり，P_3, P_4 が直線 P_1P_2 の同じ側にあるとする．いま，c を実数とするとき，

$$\frac{z_4 - z_1}{z_3 - z_1} \bigg/ \frac{z_4 - z_2}{z_3 - z_2} = c \qquad \cdots ①$$

は 4 点が同一円周上にあるための条件であることを示せ．

[解] $\arg\left(\dfrac{z_4 - z_1}{z_3 - z_1}\right) = \theta_1$, $\arg\left(\dfrac{z_4 - z_2}{z_3 - z_2}\right) = \theta_2$
とするとき，条件 ① より，$\theta_1 - \theta_2 = 0$ または π である．ところが，

$$\theta_1 = \arg(z_4 - z_1) - \arg(z_3 - z_1)$$

は $\angle P_4 P_1 P_3$ である．同様にして，$\theta_2 = \angle P_4 P_2 P_3$ である．

特に題意より P_3, P_4 が直線 P_1, P_2 の同じ側にあるので，$\theta_1 = \theta_2$ の場合だけである．すなわち，円周角が等しいということで，与えられた条件 ① は同一円周上にあることと同値である．

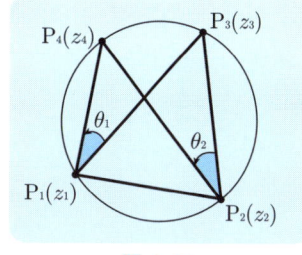

図 1.30

演習 1.2[†] 3 点 $P_1(z_1)$, $P_2(z_2)$, $P_3(z_3)$ は複素数平面上の三角形の頂点であり，z_1, z_2, z_3 は関係式

$$\frac{z_3 - z_1}{z_2 - z_1} = 1 + \sqrt{3} i$$

をみたすとする．このとき，$\triangle P_1 P_2 P_3$ は直角三角形であることを示せ．

演習 1.3 2 点 $P_1(-2+5i)$, $P_2(3+i)$ に対して，直線 P_1P_2 上の点 P で $P_1P : P_1P_2 = t : 1$ $(t > 1)$ となる点 $P(z)$ を表す複素数を求めよ．また，直線 P_1P_2 と実軸との交点を求めよ．

[†] $\triangle P_1 P_2 P_3$ に余弦定理を用いよ．

─── 例題 1.3 ─────────────────── 絶対値と共役複素数 ───

$|z|=1$ のとき, $\left|\dfrac{\bar{\beta}z-1}{z-\beta}\right|$ の値を求めよ. ただし, $\beta \neq 0, |\beta| \neq 1$ とする.

[解] $|z|=1$ より, $\qquad |z|^2 = z\bar{z} = 1 \qquad \cdots ①$

また, $\overline{\bar{\beta}z-1} = \overline{\bar{\beta}z}-1 = \bar{\bar{\beta}}\bar{z}-1 = \beta\bar{z}-1$ により,

$$|\bar{\beta}z-1|^2 = (\bar{\beta}z-1)(\overline{\bar{\beta}z-1}) = (\bar{\beta}z-1)(\beta\bar{z}-1)$$
$$= \beta\bar{\beta}z\bar{z} - \beta\bar{z} - \bar{\beta}z + 1$$

ここへ ① を用いて, $|\bar{\beta}z-1|^2 = \beta\bar{\beta} - \beta\bar{z} - \bar{\beta}z + 1$.

同様に ① を用いて,

$$|z-\beta|^2 = (z-\beta)(\overline{z-\beta}) = (z-\beta)(\bar{z}-\bar{\beta})$$
$$= z\bar{z} - \beta\bar{z} - \bar{\beta}z + \beta\bar{\beta} = 1 - \beta\bar{z} - \bar{\beta}z + \beta\bar{\beta}$$

$$\therefore \quad |\bar{\beta}z-1|^2 = |z-\beta|^2$$

絶対値は負でない実数であるから,

$$|\bar{\beta}z-1| = |z-\beta| \qquad \cdots ②$$

$|z-\beta|=0$ ならば $z-\beta=0$ から, $z=\beta$ となり, $|z|=|\beta|=1$ となって, 仮定に反する. $\qquad \therefore \quad |z-\beta| \neq 0$

ゆえに ② から,
$$\dfrac{|\bar{\beta}z-1|}{|z-\beta|} = 1.$$

演習 1.4[†] α, β を $|\alpha|<1, |\beta|<1$ となる複素数とするとき,
$$|\alpha-\beta| < |1-\bar{\alpha}\beta|$$
であることを示せ.

演習 1.5 次の方程式は, 複素数平面上でどのような図形を表すか.
$$2|z| = |z+3|$$

[†] $|\alpha-\beta|^2 - |1-\bar{\alpha}\beta|^2$ を計算せよ.

研究　座標平面と複素数平面

複素数 $z = x + yi$ を複素数平面上の 1 点としてみるとき，
$$z = x + yi \iff z = (x, y)$$
と対応させて考えた（⇨ p.8）．この $z = (x, y)$ が意味をもつように計算規則を決めることができれば，これはある種の（実数と異なる）数と考えてよいわけである．

いま，p.4 の (1.2), (1.3), (1.4) に照らして，次のように四則計算を定めることにする．

$\alpha = a + bi = (a, b), \beta = c + di = (c, d)$ とするとき，
(1) $\alpha + \beta = (a + c, b + d), \quad \alpha - \beta = (a - c, b - d)$
(2) $\alpha\beta = (ac - bd, ad + bc)$
(3) $\dfrac{\alpha}{\beta} = \left(\dfrac{ac + bd}{c^2 + d^2}, \dfrac{-ad + bc}{c^2 + d^2}\right) \quad (c^2 + d^2 \neq 0)$

さらに，虚数単位 i は $i = 0 + 1 \cdot i$ より，複素数平面上の点 $(0, 1)$ と表される．そうすると例えば上記 (1), (2), (3) により，

$$
\begin{aligned}
i^2 = -1 \iff (0,1) \times (0,1) &= (0 \times 0 - 1 \times 1, 0 \times 1 + 1 \times 0) \\
&= (-1, 0) \\
&= -1 \\
a + bi \iff (a, 0) + (b, 0) \times (0, 1) &\\
&= (a, 0) + (b \times 0 - 0 \times 1, b \times 1 + 0 \times 0) \\
&= (a, 0) + (0, b) \\
&= (a + 0, 0 + b) = (a, b)
\end{aligned}
$$

また，複素数の相等に関しては，2 つの複素数 $x + yi, u + vi$ を複素数平面上の点 $(x, y), (u, v)$ と考えれば，これらが一致するのは，p.4 の (1.1) に照らして，"$x = u, y = v$ のときで，そのときに限る．" とする．

以上のことから座標平面では，点 (x, y) の間に計算規則はなく，点の間の演算は考えないのに対し，複素数平面では，点 (x, y) が 1 つの複素数を表しているために，点の間に演算が定義されており，したがって計算規則があることがわかる．このように，複素数平面上の点 (x, y) をある種の数と考えたところにガウスの着想のすばらしさがある．

問の解答（第1章）

問 1.1 (1) -2 (2) $3+4i$ (3) $-i$ (4) $\dfrac{1}{5}+\dfrac{3}{5}i$ (5) $-65+65i$

問 1.2 $z_1=x_1+y_1i, z_2=x_2+y_2i$ とおいて，それぞれに代入する．

問 1.3 複素数平面上で，複素数 z とこれに共役な複素数 $\bar{z}$ は虚部の符号が逆であるから，2点 $z, \bar{z}$ は実軸に関して対称な位置にある．また2点 z と $-\bar{z}$ は虚軸に関して対称な位置に，2点 z と $-z$ は原点に関して対称な位置にある．

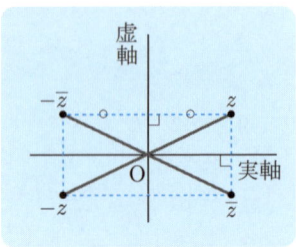

問 1.3 の図

問 1.4 省略

問 1.5 (1) $\cos\dfrac{3\pi}{2}+i\sin\dfrac{3\pi}{2}$

(2) $2\left(\cos\dfrac{2\pi}{3}+i\sin\dfrac{2\pi}{3}\right)$

(3) $\sqrt{2}\left\{\cos\left(-\dfrac{\pi}{4}\right)+i\sin\left(-\dfrac{\pi}{4}\right)\right\}$

問 1.6 $P_1(z_1), P_2(z_2), P_3(z_1+z_2)$ とすると，

$$|z_1|=\mathrm{OP}_1, \quad |z_2|=\mathrm{OP}_2=\mathrm{P}_1\mathrm{P}_3$$

$$|z_1+z_2|=\mathrm{OP}_3$$

$\triangle \mathrm{OP}_1\mathrm{P}_3$ において，三角形の性質から，

$$\mathrm{OP}_1-\mathrm{P}_1\mathrm{P}_3 \leqq |\mathrm{OP}_3| \leqq \mathrm{OP}_1+\mathrm{P}_1\mathrm{P}_3$$

$$\therefore \quad |z_1|-|z_2| \leqq |z_1+z_2| \leqq |z_1|+|z_2|$$

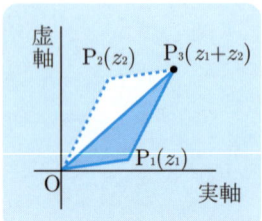

問 1.6 の図

問 1.7 $z_1-2z_2=z_1+(-2z_2)$ であるから，$-2z_2$ をつくり，z_1 を加える．右図の中の点 $\mathrm{R}(z_1-2z_2)$ が解答．次に，kz_2 は右図の中の直線 $\mathrm{O}z_2$ 上を動く．これと z_1 との和 z_1+kz_2 は，点 z_1 を通り，直線 $\mathrm{O}z_2$ に平行な直線を描く．

問 1.8 (1) $\dfrac{5}{12}\pi$ (2) $\dfrac{\pi}{4}$

問 1.9 $a=\dfrac{1}{2}, b=\dfrac{\sqrt{3}}{2}$

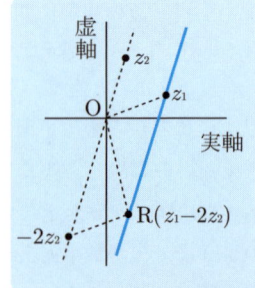

問 1.7 の図

問 1.10 $z_1 = \sqrt[6]{2}\left(\cos\dfrac{\pi}{12} + \sin\dfrac{\pi}{12}\right),$
$z_2 = \sqrt[6]{2}\left(\cos\dfrac{9}{12}\pi + i\sin\dfrac{9}{12}\pi\right),$
$z_3 = \sqrt[6]{2}\left(\cos\dfrac{17}{12}\pi + i\sin\dfrac{17}{12}\pi\right).$

図は右の図.

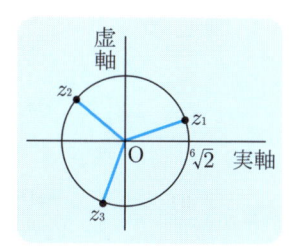

問 1.11 p.18 の (1.16) を用いることにより,
$$z = (2\pm\sqrt{3}) + (1\pm\sqrt{3})i \quad (\text{複号同順})$$

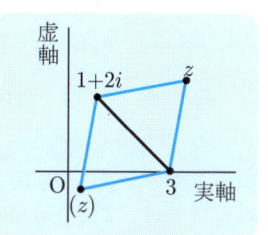

問 1.10 の図

問 1.12 (1) p.20 の (1.20) より, $\alpha = 0$, $c = -1$ である. これを $c = |\alpha|^2 - r^2$ に代入し, $r^2 = 1$. r は半径であるので正である.　∴　$r = 1$. よって, 中心が 0 で半径 1 の円である.

(2) p.20 の (1.20) より, $\alpha = i$, $c = 0$ である. $c = |\alpha|^2 - r^2$ に代入して, $1 - r^2 = 0$.　∴　$r = 1\ (r > 0)$. よって中心が i で半径 1 の円である.

問 1.11 の図

演習問題解答（第 1 章）

演習 1.1 △OPA を $\arg z$ だけ回転して, △OQB をつくり, 右図のように PP$_1$//BQ となる点 P$_1$ を OQ 上にとると, 点 P$_1$ が z^2 である.

〔理由〕　$\dfrac{\mathrm{OP}_1}{\mathrm{OQ}} = \dfrac{\mathrm{OP}}{\mathrm{OB}}$. OB = 1 より, OP$_1$ = OP · OQ = $|z|^2$.
また,
$$\angle \mathrm{P}_1\mathrm{OA} = 2\angle \mathrm{POA} = 2\arg z.$$

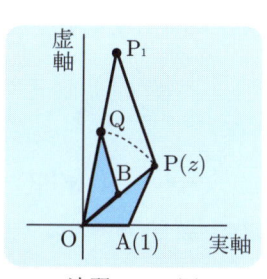

演習 1.1 の図

演習 1.2 $1+\sqrt{3}i = 2\left(\cos\dfrac{\pi}{3} + i\sin\dfrac{\pi}{3}\right)$ より, $\left|\dfrac{z_3 - z_1}{z_2 - z_1}\right| = 2.$

∴　$\dfrac{\overline{\mathrm{P}_1\mathrm{P}_3}}{\overline{\mathrm{P}_1\mathrm{P}_2}} = \dfrac{2}{1}$

$\arg\left(\dfrac{z_3 - z_1}{z_2 - z_1}\right) = \angle \mathrm{P}_2\mathrm{P}_1\mathrm{P}_3 = \dfrac{\pi}{3}$

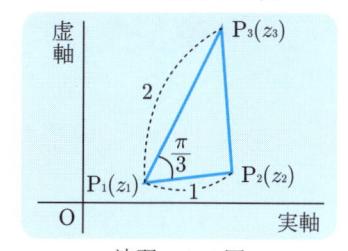

演習 1.2 の図

よって，余弦定理より

$$\overline{P_2P_3}^2 = \overline{P_1P_3}^2 + \overline{P_1P_2}^2 - 2\overline{P_1P_3} \cdot \overline{P_1P_2} \cos \frac{\pi}{3}$$

$$\frac{\overline{P_2P_3}}{\overline{P_1P_2}} = \sqrt{3} \qquad \therefore \quad \angle P_1P_2P_3 = \frac{\pi}{2}$$

演習 1.3 題意より，$\dfrac{P_1P}{P_1P_2} = \dfrac{z-z_1}{z_2-z_1} = t.$

よって $\dfrac{z-(-2+5i)}{(3+i)-(-2+5i)} = t.$

ゆえに求める複素数は

$$z = (5t-2) + (-4t+5)i.$$

次に P が実軸上にあるのは，$-4t+5=0$ のときである．　$\therefore \quad t = 5/4.$

ゆえに求める実軸上の点は $z = 5 \times 5/4 - 2 = 17/4.$

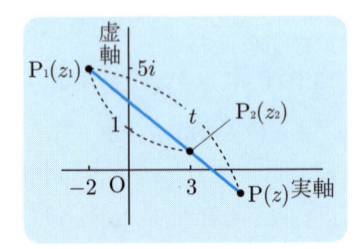

演習 1.3 の図

演習 1.4 　　　$|\alpha-\beta|^2 = |\alpha|^2 - \overline{\alpha}\beta + \alpha\overline{\beta} + |\beta|^2$ 　　　　　$\cdots$ ①
　　　　　　　　　$|1-\overline{\alpha}\beta|^2 = 1 - \overline{\alpha}\beta - \alpha\overline{\beta} + |\alpha|^2|\beta|^2$ 　　　　　$\cdots$ ②

① $-$ ② $= (|\alpha|^2 - 1)(1 - |\beta|^2) < 0.$ 　　$\therefore \quad |\alpha-\beta| < |1-\overline{\alpha}\beta|.$

演習 1.5 　方程式の両辺を平方すると，

$$4|z|^2 = |z+3|^2$$

よって，

$$4z\overline{z} = (z+3)(\overline{z}+3)$$

右辺を展開して整理すると，

$$z\overline{z} - z - \overline{z} - 3 = 0$$

$$\therefore \quad (z-1)(\overline{z}-1) = 4$$

よって，

$$|z-1|^2 = 2^2$$

$$\therefore \quad |z-1| = 2$$

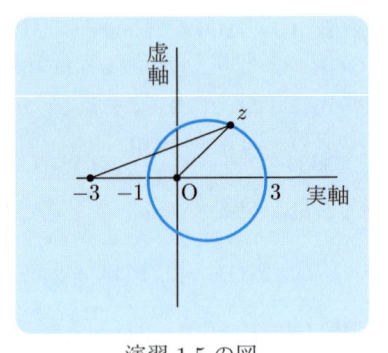

演習 1.5 の図

したがって，この方程式は，点 1 を中心として，半径 2 の円を表す．

第 2 章

1次変換（関数）

本章の目的　まず1次変換を取り上げたのは，1次変換が工学で複素関数を扱うときの重要な支点だからである．

また，一般の複素関数 $w = f(z)$ の学習の前に，1次変換（関数）を通して，複素関数による写像に慣れるためである．

さらに，新しい概念である無限遠点を導入する．

本章の内容

2.1　1次変換，1次変換による写像，1次変換の性質

2.2　無限遠点，数球面

研究　再び無限遠点について

2.1　1次変換，1次変換による写像，1次変換の性質

実変数の関数と同様に，複素数 z を変数とし，複素数の値をとる関数 $w = f(z)$ が考えられる．このような関数として簡単なものは，

$$w = \frac{\alpha z + \beta}{\gamma z + \delta} \quad (\alpha, \beta, \gamma, \delta \text{ は複素数}, \alpha\delta - \beta\gamma \neq 0) \tag{2.1}$$

であろう．これを **1次変換（関数）** という（⇨ 次ページの注意 2.1）．

このような，一般の1次変換を考える前に，次のような3つの簡単な1次変換について述べる．

[I]　$w = z + \alpha$　（α は複素数）　p.10 に述べたように，点 z を原点 O から点 α に向う向きに $|\alpha|$ だけ移動する．

[II]　$w = \beta z$　（β は複素数, $\beta \neq 0$）　p.12 に述べたように，点 z を原点の周りに $\arg \beta$ だけ回転し，原点からの距離を $|\beta|$ 倍する．

[III]　$w = 1/z$　（$z \neq 0$）　$|z| = r, \arg z = \theta$ とすると，$|w| = 1/r$, $\arg w = -\theta$ である．よって，z から w を描くには次のようにする．

(1)　$r > 1$ のとき（⇨ 図 2.1(1)）．

　（i）まず単位円を書き，点 P から単位円上に接線 PQ を引く．

　（ii）接点 Q から OP に垂線を引き，垂線の足を P*(z^*) とする．

　（iii）直角三角形の性質から，OP* · OP = OQ^2（⇨ 注意 2.2）．
OP* = $|z^*|$, OP = r, OQ = 1(単位円の半径) であるから $|z^*| = 1/r$. また $\arg z^* = \theta$ である．

　（iv）z^* の実軸に関する対称点をとると，それが求める $w = 1/z$ である．

(2)　$0 < r < 1$ のとき（⇨ 図 2.1(2)）．

　（i）点 P は単位円の内部にあるので，点 P において OP に垂線を引き，単位円との交点を Q とする．

　（ii）点 Q で単位円に接線を引き，半直線 OP との交点 P*(z^*) をとる．すなわち (1) と同様に OP* · OP = OQ^2 = 1 となるので，OP* = $|z^*|$ = $1/r$. また $\arg z^* = \theta$ である．

　（iii）z^* の実軸に関する対称点をとると，それが $w = 1/z$ である．

ここで，z から z^* への対応を **反転**，z^* を z の単位円に関する **鏡像** という．

2.1 1次変換, 1次変換による写像, 1次変換の性質

● **より理解を深めるために** ●

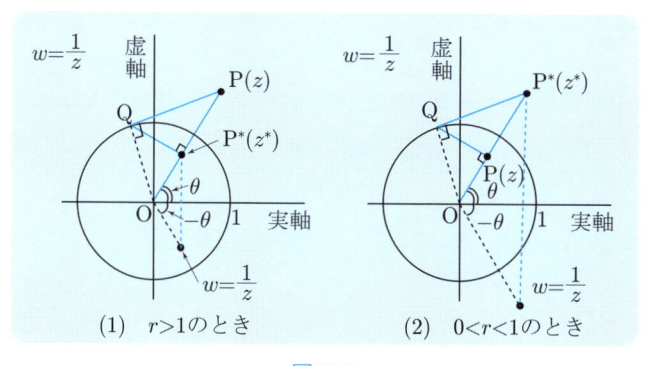

図 2.1
(1) $r>1$ のとき
(2) $0<r<1$ のとき

注意 2.1 微分積分では, $y = ax + b$ の形の関数を1次関数と呼んできたが, 複素関数では前ページの (2.1) の形のものを1次変換（関数）という.

注意 2.2 右のような直角三角形 OPQ において, 頂点 Q より底辺 OP に垂線をおろし, その足を P^* とする.

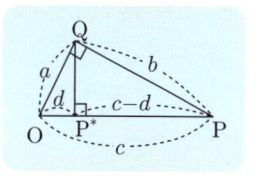

$OQ = a$, $QP = b$, $OP = c$, $OP^* = d$

とすると, 三平方の定理を用いて,

$$a^2 - d^2 = b^2 - (c-d)^2$$
$$= b^2 - c^2 + 2cd - d^2 = b^2 - (a^2 + b^2) + 2cd - d^2$$

$a^2 = -a^2 + 2cd$ ∴ $a^2 = cd$ よって $OQ^2 = OP^* \cdot OP$

（このことは △OPQ と △OQP* が相似であることを使って証明してもよい.）

図 2.2

（解答は章末の p.43 に掲載されています.）

問 2.1 次の1次変換は, 右図の z を, それぞれどのような点に写像するか. 大略を図示せよ.
(1) $w = iz$ (2) $w = (1 + \sqrt{3}i)z$
(3) $w = (\sqrt{3} - i)z - i$

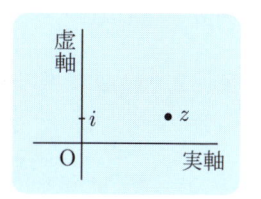

問 2.2 $z = -2 + i$ のとき $w = 1/z$ を作図せよ.

図 2.3

第2章 1次変換（関数）

1次変換による写像　p.30 で述べた一般の 1 次変換（関数）は，同じ p.30 で述べた簡単な 1 次変換 [I], [II], [III] を結合したものと考えることができる．

(1) $\gamma \neq 0$ の場合　p.30 の (2.1) は次のように変形することができる．

$$w = \frac{\alpha z + \beta}{\gamma z + \delta} = \frac{(\beta\gamma - \alpha\delta)/\gamma^2}{z + \delta/\gamma} + \frac{\alpha}{\gamma} \quad (\alpha\delta - \beta\gamma \neq 0)$$

ゆえに，いま $\dfrac{\delta}{\gamma} = \alpha'$, $\dfrac{\beta\gamma - \alpha\delta}{\gamma^2} = \beta'$, $\dfrac{\alpha}{\gamma} = \gamma'$ とすれば，

$$w = \frac{\beta'}{z + \alpha'} + \gamma'$$

となり，z から w の値を得るには，次の 4 段階の計算をすればよい．

（ⅰ）$z_1 = z + \alpha$ によって，z から z_1 へ

（ⅱ）$z_2 = \dfrac{1}{z_1}$ によって，z_1 から z_2 へ

（ⅲ）$z_3 = \beta z_2$ によって，z_2 から z_3 へ

（ⅳ）$w = z_3 + \gamma$ によって，z_3 から w へ

つまり，この各段階は，p.30 の [I], [II], [III] の 1 次変換にほかならない．

(2) $\gamma = 0$ の場合　仮定 $\alpha\delta - \beta\gamma \neq 0$ より，$\delta \neq 0$ である．したがって，

$$w = \frac{\alpha z + \beta}{\delta} = \frac{\alpha}{\delta}z + \frac{\beta}{\delta}.$$

ここで $\dfrac{\alpha}{\delta} = \alpha'$, $\dfrac{\beta}{\delta} = \beta'$ とおけば，

$$w = \alpha' z + \beta'$$

となり，z から w の値を得るには，次の 2 段階の計算をすればよい．

（ⅰ）$z_1 = \alpha' z$ により，z から z_1 へ

（ⅱ）$w = z_1 + \beta'$ により，z_1 から w へ

すなわち，この各段階は p.30 の [I], [II] の 1 次変換である．よって次の定理が示される．

定理 2.1（1 次変換による写像）　1 次変換による写像は次の 3 つの写像の結合である．

$$w = z + \alpha, \quad w = \beta z \ (\beta \neq 0), \quad w = \frac{1}{z} \ (z \neq 0)$$

● より理解を深めるために ●

例 2.1　$w = 1/z$ により，z 平面上の円は w 平面上の円に写像されることを示せ．

[解]　z 平面上の円を
$$a(x^2 + y^2) + 2bx + 2cy + d = 0 \quad (b^2 + c^2 \geqq ad) \qquad \cdots ①$$
とすると，$a = 0$ のときは直線を，$a \neq 0$ のときは，$b^2 + c^2 \geqq ad$ の条件により円を表している（⇨下の注意 2.3）．$a = 0$ のときは半径が ∞ の円と考える．

$w = 1/z$ から $z = 1/w$ であり，$z = x+yi, w = u+vi$ とおくと，$x+yi = 1/(u+vi) = u/(u^2+v^2) - vi/(u^2+v^2)$ であり，$x = u/(u^2+v^2)$, $y = -v/(u^2+v^2)$ となる．これを①に代入して，
$$\frac{a}{u^2+v^2} + \frac{2bu}{u^2+v^2} - \frac{2cv}{u^2+v^2} + d = 0$$
すなわち，$d(u^2+v^2) + 2bu - 2cv + a = 0 \; (b^2 + c^2 \geqq ad)$．

これは，円を表している（$d = 0$ のときは半径が ∞ の円と考える）．　■

次に $w = z + \alpha, w = \beta z$ は円を円に写像することは明らかであるから，この例 2.1 と，定理 2.1（前ページ）により，次の定理が成立する．

定理 2.2 (円円対応)　1 次変換
$$w = \frac{\alpha z + \beta}{\gamma z + \delta} \quad (\alpha\delta - \beta\gamma \neq 0)$$
は円を円に写像する．

注意 2.3　上記①は $a \neq 0$ のとき $\left(x + \dfrac{b}{a}\right)^2 + \left(y + \dfrac{c}{a}\right)^2 = \dfrac{b^2 + c^2 - ad}{a^2}$ と変形されるので，中心が $\left(-\dfrac{b}{a}, -\dfrac{c}{a}\right)$ で半径 $\dfrac{\sqrt{b^2+c^2-ad}}{a}$ の円となる．この①の特徴は x^2 と y^2 の係数が等しく，xy の項がないことである．

問 2.3[†]　$z = x+yi$ とするとき，$w = 1/z$ によって，
$$\text{集合} \quad D = \{(x,y); x > 1, y > 0\}$$
はどのような集合に写像されるか示せ．また，直線 $x + y = 1$ は $w = 1/z$ によってどんな曲線となるか調べよ．

[†]　「演習と応用関数論」（サイエンス社）p.35 問題 7.2 参照．

1次変換の性質（1次変換の不動点）　1次関数は円円対応（p.33 の定理 2.2）のような図形的な性質ばかりでなく，他にも種々の性質をもっている．ここでは1次変換の不動点について述べるが，他の性質については p.38 以降の演習問題で述べる．

1次変換の不動点　$\dfrac{\alpha z + \beta}{\gamma z + \delta} = z$ をみたす点，つまり z の像が z 自身であるような z をこの**1次変換の不動点**という．

（1）　$w = \dfrac{z-1}{z+1}$ の不動点を求める．定義により，$\dfrac{z-1}{z+1} = z$ より $z^2 = -1$．これを解いて，$z = \pm i$．したがって不動点は $\pm i$ である．

（2）　次に任意の1次変換はどのような条件のもとで不動点をもつか考察する．つまり，
$$w = \dfrac{\alpha z + \beta}{\gamma z + \delta} \qquad \cdots ①$$
の不動点は $\dfrac{\alpha z + \beta}{\gamma z + \delta} = z$ より
$$\gamma z^2 + (\delta - \alpha)z - \beta = 0 \qquad \cdots ②$$
の解である．

（ⅰ）　$\gamma \neq 0$ ならば②は必ず解をもつので不動点がある．
（ⅱ）　$\gamma = 0$ のときでも $\delta \neq \alpha$ ならば②は解をもつので不動点がある．
（ⅲ）　$\gamma = 0, \delta = \alpha \neq 0, \beta = 0$ のときは，①より $w = z$ で，すべての点が不動点である．
（ⅳ）　$\gamma = 0, \delta = \alpha \neq 0, \beta \neq 0$ のときは，①より $w = z + \beta/\delta$ の形で，これは平行移動であり，不動点はない．

（3）　$-1, 1$ を不動点とする1次変換の一般の形を求めてみよう．
求める1次変換を $w = \dfrac{\alpha z + \beta}{\gamma z + \delta}$ とする．$-1, 1$ が不動点だから，定義により，$\dfrac{-\alpha + \beta}{-\gamma + \delta} = -1, \dfrac{\alpha + \beta}{\gamma + \delta} = 1$．これより $\alpha = \delta, \beta = \gamma$ となり，
$$w = \dfrac{\alpha z + \beta}{\beta z + \alpha}$$
が求める1次変換である．

2.1 1次変換,1次変換による写像,1次変換の性質

● **より理解を深めるために** ●

例 2.2 $w = 1/z$ により,円の内部
$$D : x^2 + y^2 - 2x < 0$$
はどのような範囲に写像されるか.

[解] $D : x^2 + y^2 - 2x < 0$ は標準形で
$$(x-1)^2 + y^2 < 1 \quad \cdots ①$$
となるので,中心が $(1,0)$ で半径が 1 の円の内部である.

また,$w = 1/z$ から $z = 1/w$ であり,$z = x+yi, w = u+vi$ とすると,

$$x + yi = \frac{1}{u+vi} = \frac{u-vi}{(u+vi)(u-vi)} = \frac{u}{u^2+v^2} - \frac{v}{u^2+v^2}i$$

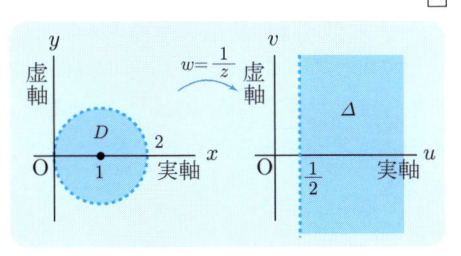

図 2.4

よって,
$$x = \frac{u}{u^2+v^2}, \quad y = \frac{-v}{u^2+v^2} \tag{2.2}$$
これに①を代入して,
$$\left(\frac{u}{u^2+v^2} - 1\right)^2 + \left(\frac{-v}{u^2+v^2}\right)^2 < 1$$

$$\frac{1-2u}{u^2+v^2} < 0 \quad \therefore \quad 1-2u < 0$$

よって,図 2.4 のように,uv 平面上の集合 Δ に写像される.

問 2.4 1次変換 $w = \dfrac{1}{z}$ による次の各集合の像を求めよ.

(1) $x^2 + y^2 - 4x + 2y + 4 > 0$

(2) $y > 2$

問 2.5 $w = \dfrac{2iz+2}{z-1}$ によって,図 2.5 の点 z はどのような点に写像されるか.図示せよ.

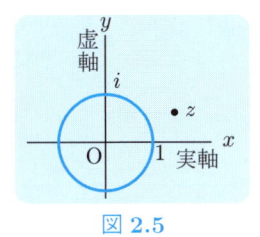

図 2.5

2.2 無限遠点，数球面

無限遠点 $w=1/z$ において，$z \neq 0$ ならば，任意の有限な z にただ1つの w 平面の点 w が決まり，また $w \neq 0$ ならば，$z=1/w$ によって任意の有限な w にただ1つの z が対応する．

したがって z から1点 $z=0$ を除いた集合と，w 平面から $w=0$ を除いた集合は1対1に対応している．そこで，$z=0$ に対応する w 平面の1点を考えることができると便利である．それを w 平面に新しくつけ加えて，**無限遠点**といい，その点を ∞ で表すことにする（⇨ p.41 の「研究　再び無限遠点について」）．

さて，$z = r(\cos\theta + i\sin\theta)$ において，$r \to 0$ とすると，どの θ に対しても $z \to 0$ であるから，$w = \dfrac{1}{z} = (1/r)\{\cos(-\theta) + i\sin(-\theta)\}$ において，$r \to 0$ とするとき w は，θ に無関係に1点 ∞ に近づくと考えるわけである．

同様に z 平面にも，$w=0$ に対応するものとして，無限遠点 ∞ をつけ加えておく．このように複素数平面に無限遠点をつけ加えたものを考え，**拡張された複素数平面**ということにすると，拡張された z 平面と，拡張された w 平面は，写像 $w=1/z$ により1対1に対応することになる．

数球面（⇨ 図 2.6）　無限遠点を有限な点と同様な1点と考えることが自然であることを直観的に理解しやすくする方法を考える．

まず従来考えた複素数平面をとり，その原点 O においてこれに接する1つの球面を考える．この球における原点 O を一端とする直径を ON とすれば，これは明らかに複素数平面に垂直である．そこで複素数平面上の（点 ∞ 以外の）任意の1点 z を N と結べば，この直線は球面と N より他にさらにもう1点で交わる．この交点を Z とし，これを z の**影像**[†]と呼ぶことにする．

複素数平面上で原点から有限の距離にある点に対しては，必ずその影像が存在する．また逆に球面上の N 以外の点は，必ず複素数平面上のある点の影像と考えることができる．ところで，いま点 z が原点から次第に遠ざかると，その影像 Z は次第に N に近づいてゆく．

[†] 写像と呼ぶこともあるが，ここでは前に出てきた写像と区別するために特に影像ということにする．

2.2 無限遠点,数球面

そして距離 Oz が無限大になるとき,影像 Z の極限の位置は N である.こうしてみると,N はすなわち,無限遠点の影像であると考えられることがわかる.

そこで,従来の複素数平面の代わりに,いま作った球面を用いることにし,点 z で表していた複素数を今度は点 Z で表すことにしよう.そうすれば,すべての有限な複素数に対応する点はいうまでもなく,無限遠点もまた N で表されるから,複素数平面上のすべての点(無限遠点も含めて)を,その影像によって目前に見ることができる.このような球面のことを**数球面**という.

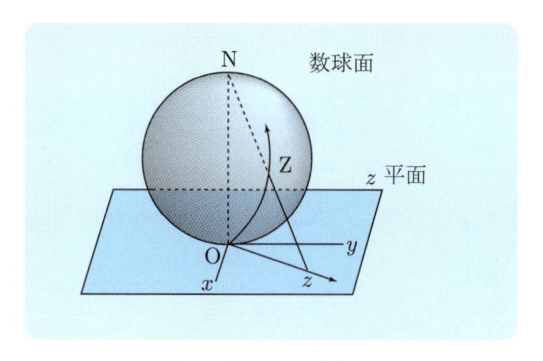

図 2.6 数球面

追記 2.1 1 次変換 $w = \dfrac{\alpha z + \beta}{\gamma z + \delta}$ ($\alpha\delta - \beta\gamma \neq 0$) に無限遠点 ∞ を導入したときは次のように考える.

(1) $\gamma \neq 0$ とする.$z = \infty$ のとき,w の値は z を $\dfrac{1}{z}$ でおきかえて,式を整理した後,$z = 0$ とした値と定める.すなわち,

$$\frac{\alpha(1/z) + \beta}{\gamma(1/z) + \delta} = \frac{\alpha + \beta z}{\gamma + \delta z}$$

で $z = 0$ とおき,$w = \dfrac{\alpha}{\gamma}$ と定める.すなわち,$z = \infty$ のとき $w = \dfrac{\alpha}{\gamma}$ が対応する.

また 1 次変換の一般式においては,$\gamma \neq 0$ であるから分母を 0 にする点 $z = -\dfrac{\delta}{\gamma}$ に $w = \infty$ が対応する.

(2) $\gamma = 0$ のときは,$z = \infty$ に $w = \infty$ が対応する.

演 習 問 題

例題 2.1 ──────────────────────────── 1 次変換の決定 ─

(1) 3 点 $-1, 0, -i$ をこの順に $0, i, 1$ に移す 1 次変換を求めよ.
(2) z 平面の異なる 3 点 α', β', γ' を w 平面の 3 点 $0, \infty, 1$ に写像する 1 次変換を求めよ.

[解] (1) 求める 1 次変換を $w = \dfrac{\alpha z + \beta}{\gamma z + \delta}$ $(\alpha\delta - \beta\gamma \neq 0)$ とすると, 3 点の像から $\dfrac{-\alpha + \beta}{-\gamma + \delta} = 0, \dfrac{\beta}{\delta} = i, \dfrac{-i\alpha + \beta}{-i\gamma + \delta} = 1.$ これから, $\beta = \alpha,$ $\delta = -\alpha i, \gamma = i\alpha$ となる.

$$\therefore \quad w = \frac{\alpha z + \alpha}{\alpha i z - \alpha i} = \frac{z+1}{i(z-1)}$$

(2) 求める 1 次変換を $w = \dfrac{\alpha z + \beta}{\gamma z + \delta}$ $(\alpha\delta - \beta\gamma \neq 0)$ とする.
$z = \alpha'$ のときの像は,

$$\alpha\alpha' + \beta = 0 \qquad \cdots ①$$

$z = \beta'$ のときの像は

$$\gamma\beta' + \delta = 0 \quad (\Rightarrow \text{p.37 の追記 2.1(1) を参照}) \qquad \cdots ②$$

$z = \gamma'$ のときの像は,

$$\alpha\gamma' + \beta = \gamma\gamma' + \delta \qquad \cdots ③$$

となる. ① より $\dfrac{\beta}{\alpha} = -\alpha'$, ② より $\dfrac{\delta}{\gamma} = -\beta'$, ③ より $\dfrac{\alpha}{\gamma} = \dfrac{\beta' - \gamma'}{\alpha' - \gamma'}$ である. また, $w = \dfrac{\alpha}{\gamma} \dfrac{z + \beta/\alpha}{z + \delta/\gamma}$ と変形して, ①, ②, ③ を代入すると,

$$w = \frac{\beta' - \gamma'}{\alpha' - \gamma'} \frac{z - \alpha'}{z - \beta'}.$$

(解答は章末の p.44 にあります.)

演習 2.1 $z = 0, 1, \infty$ の像がそれぞれ $\infty, 0, 1$ であるような 1 次変換を求めよ.

―― 例題 2.2 ――――――――――――――― 単位円の周・内部・外部の写像 ――

1 次変換
$$w = e^{ip}\frac{z-\alpha}{1-\overline{\alpha}z} \quad (p \text{ は実数}, |\alpha| \neq 1) \quad \cdots ①$$
は，z 平面の単位円を，w 平面の単位円に写像することを示せ．
もしも，$|\alpha| < 1$ ならば，単位円の内部が単位円の内部に，外部が外部に，また，$|\alpha| > 1$ ならば，内部が外部に，外部が内部に移される．

[解] ① より
$$|w|^2 = w\overline{w} = \frac{z-\alpha}{1-\overline{\alpha}z} \cdot \frac{\overline{z}-\overline{\alpha}}{1-\alpha\overline{z}}$$

よって，$|w| > 1$ のとき，$(z-\alpha)(\overline{z}-\overline{\alpha}) > (1-\overline{\alpha}z)(1-\alpha\overline{z})$．
ゆえに，
$$z\overline{z} + \alpha\overline{\alpha} - 1 - \alpha\overline{\alpha}z\overline{z} > 0$$
これをまとめると，
$$(z\overline{z}-1)(1-\alpha\overline{\alpha}) = (|z|^2-1)(1-|\alpha|^2) > 0.$$
同様にして，
$$|w| \begin{cases} > 1 \\ = 1 \\ < 1 \end{cases} \iff (|z|^2-1)(1-|\alpha|^2) \begin{cases} > 0 \\ = 0 \\ < 0 \end{cases}$$
となる．よって，

$|\alpha| < 1$ ならば $|z| \gtreqless 1$ に $|w| \gtreqless 1$ が対応し，

$|\alpha| > 1$ ならば $|z| \gtreqless 1$ に $|w| \lesseqgtr 1$ が対応する．

演習 2.2 つぎの 2 つの条件 (1), (2) をみたす 1 次変換 $w = \dfrac{\alpha z + \beta}{\gamma z + \delta}$ を求めよ．
(1) 単位円 $|z| = 1$ を単位円 $|w| = 1$ に移す．
(2) $z = \dfrac{1}{2}, 3$ をそれぞれ $w = 0, -5$ に移す．

例題 2.3 ─────────────────────────── 非調和比

(1) 1次変換 $w = \dfrac{\alpha z + \beta}{\gamma z + \delta}$ ($\alpha\delta - \beta\gamma \neq 0$) が与えられたとき, z_1, z_2, z_3, z_4 の像を w_1, w_2, w_3, w_4 とすると,
$$\frac{w_1 - w_3}{w_1 - w_4} : \frac{w_2 - w_3}{w_2 - w_4} = \frac{z_1 - z_3}{z_1 - z_4} : \frac{z_2 - z_3}{z_2 - z_4} \quad \cdots ①$$
が成り立つことを示せ.

(2) z 平面の $0, 1, 3$ を w 平面の $-1, 0, 1/2$ に写像する1次変換を求めよ.

注意 2.4 この比をそれぞれ w_1, w_2, w_3, w_4 および, z_1, z_2, z_3, z_4 の非調和比という. したがって, 上記①は1次変換により非調和比は不変であると解釈することができる.

[解] (1) $w_1 - w_3 = \dfrac{(\alpha\delta - \beta\gamma)(z_1 - z_3)}{(\gamma z_1 + \delta)(\gamma z_3 + \delta)}$, $w_1 - w_4 = \dfrac{(\alpha\delta - \beta\gamma)(z_1 - z_4)}{(\gamma z_1 + \delta)(\gamma z_4 + \delta)}$

$\therefore \quad \dfrac{w_1 - w_3}{w_1 - w_4} = \dfrac{(\gamma z_4 + \delta)(z_1 - z_3)}{(\gamma z_3 + \delta)(z_1 - z_4)}.$

$(w_2 - w_3)/(w_2 - w_4)$ についても同様の式で得られるから, その比を作ればよい.

(2) 1次変換は非調和比を不変にするから, ①より
$$\frac{w - w_1}{w - w_2} : \frac{w_3 - w_1}{w_3 - w_2} = \frac{z - z_1}{z - z_2} : \frac{z_3 - z_1}{z_3 - z_2}$$

これに, $z_1 = 0, z_2 = 1, z_3 = 3, w_1 = -1, w_2 = 0, w_3 = 1/2$ を代入すると,
$\dfrac{w+1}{w} = \dfrac{2z}{z-1}.$

$$\therefore \quad w = \frac{z-1}{z+1}$$

演習 2.3 1次変換 $w = \dfrac{az+b}{cz+d}$ (a, b, c, d は実数で $ad - bc > 0$) は実軸を実軸に移し, また上半平面を上半平面に移すことを示せ.

研究 再び無限遠点について

p.36 で，1 次関数 $w = \dfrac{1}{z}$ において，$z = 0$ に対応する w 平面上の 1 点を新しく考えて，これを無限遠点と考え，これを ∞ という記号で表した．ここでは，再び無限遠点について，別の角度から説明しよう．

この新しい点である無限遠点は次の 2 つの性質をもっているものとする．

> (1) この新しい点すなわち無限遠点の原点からの距離は，どのような有限値より大きい．
>
> (2) 1 つの動点が，原点からいずれの方向に進んでも，とにかく原点からの距離が限りなく大きくなるならば，その極限の位置は無限遠点に到達する．

さて，これまで微分積分等で扱った平面は，無限の彼方に広がっているというだけであって，その限界については考えていない．ところが，ここで扱う複素数平面は，これとは大いに異なっていて，「無限の彼方」に「限界」をもっているのである．無限遠点がその限界なのである．

ここで，「無限の彼方」といいながら，その「限界」という言葉を使っているのは一見矛盾しているように思われるが，矛盾していないことを示そう．

いま，
$$S_n = 1 + \left(\dfrac{1}{2}\right) + \cdots + \left(\dfrac{1}{2}\right)^n$$
について考える．ここで n を限りなく大きくすれば，S_n はこれに伴って増加する．しかし S_n の極限は 2 である．すなわち，我々は n をいくら大きくしても S_n をちょうど 2 にすることはできないが，一方においては，そのような手数を超越して，一足飛びに極限値 2 の存在を認識することができるのである．

無限遠点についても同じことで，もし我々が複素数平面上を一定の速さで進んでゆくとしたら，いつまでたっても無限遠点に到達することはできないであろう．しかし，それにもかかわらず，その最後の目標である無限遠点の存在を論理上不都合を感じないで認めることができるのである．

次に説明を要することは複素数平面が 1 つの無限遠点で閉じているということである．

前ページの (2) によると，複素数平面はいずれの方向に向かっても無限遠点で終わっているのである．そして，無限遠点は各方面に 1 つずつ存在するわけでなく，全平面にただ 1 つしかないのであるから，結局複素数平面は四方八方に伸びてはいるけれども，実は無限の彼方の 1 点（無限遠点）で閉じていると考えなければならない．

例えば地球の北極に立っていると想像してみよう．この人はどの子午線に沿って進んでも，約 2 万キロゆけば，南極に達することができる．ゆえに，この人にいわせれば，地面は四方に広々と伸びているが，2 万キロの彼方においては，1 点（南極）で閉じているということになる．我々が複素数平面を考える場合にもこれと同様だと思えばよい．ただ 2 万キロの代わりに無限とする違いがあるだけである．無限遠点を備えた複素数平面の概念はこのようにして得られたのである（⇨ p.37, 図 2.6 数球面）．

次に前ページの 2 つの性質 (1), (2) を無限遠点に与えた理由について考える．原点から有限な距離にある点はすべて，それぞれ有限な複素数に写像されるから新しく設けた点はどうしても無限の彼方におかなくてはならない．これが (1) という性質を与えた理由である．

また z が 0 以外の値のときは，$w = \dfrac{1}{z}$ はただ 1 つの確定値をとる．そして，z がどのような方向から $z = \alpha \ (\neq 0)$ に近づいても，w は常に $\dfrac{1}{\alpha}$ に近づく．この性質が $z = 0$ に対しても，そのまま保存されるためには，z がどの方向から 0 に近づいても，したがって w がどの方向に無限に進んでも常に同一の極限点 ∞ に向かうとしなければならない．これが (2) という性質を与えた理由である．

注意 2.5 無限遠点 ∞ と

$$\lim_{x \to 1+0} \frac{1}{x^2 - 1} = \infty$$

というときの ∞ とは記号は同じであっても，意味は全く異なる．後者の ∞ はいくらでも大きくなるという「増加の状態」を表す記号であり，前者の複素数平面上の点 ∞ は実在している 1 つの点を表しているが「数」ではない．

問の解答（第 2 章）

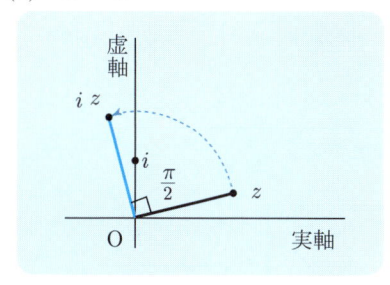

問 2.1
(1) $w = iz$

(2) $w = (1+\sqrt{3}i)z$

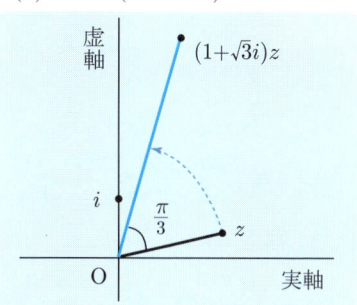

(3) $w = (\sqrt{3}-i)z - i$

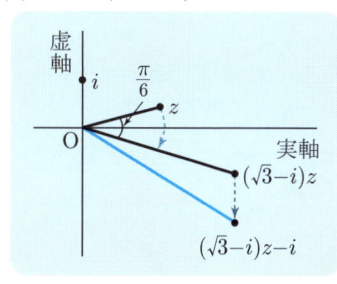

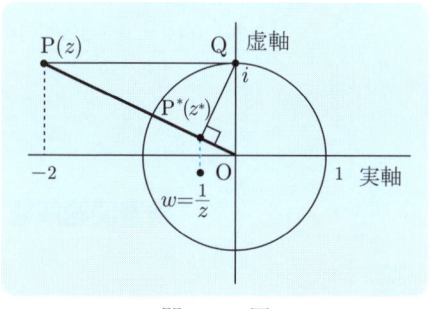

問 2.2 の図

問 2.2 $z = -2+i = r(\cos\theta + i\sin\theta)$ のとき $r = \sqrt{5} > 1$ であるので p.30 [**III**] の (1) ($\Rightarrow$ p.31 図 2.1(1)) にしたがって作図する．図は上の右下．

問 2.3 $w = 1/z$ より，$z = x+yi, w = u+vi$ とすると，$z = 1/w$ から，
$$x = \frac{u}{u^2+v^2}, \quad y = \frac{-v}{u^2+v^2} \qquad \cdots ①$$
$x > 1$ のとき，$u^2+v^2 < u$ より，$(u-1/2)^2 + v^2 < (1/2)^2$．また $y > 0$ のとき，$v < 0$ より，図のように，$|w-1/2| < 1/2$ かつ $\mathrm{Im}\, w < 0$ の部分へ写像される（次ページ上の問 2.3 の図参照）．

次に $x+y = 1$ とすると，①により $u^2+v^2 = u-v$ となる．したがって次のような円 $(u-1/2)^2 + (v+1/2)^2 = (1/\sqrt{2})^2$ に移る．

問 2.4 p.35 の (2.2) を用いよ．(1) $4(u^2+v^2) - 4u - 2v + 1 > 0$
(2) $2(u^2+v^2) + v < 0$

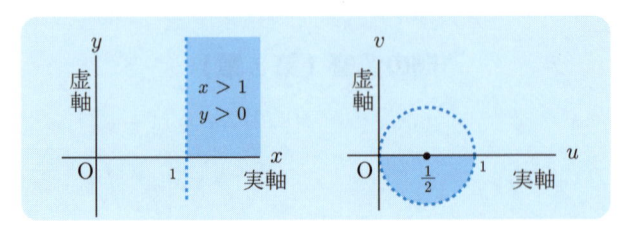

問 2.3 の図

問 2.5 $w = \dfrac{2iz+2}{z-1} = \dfrac{2(1+i)}{z-1} + 2i$ であるから,

z(移動) $\to z - 1$

($z - 1$ は円 O の中にあるので p.30 の [III]
の (2) を用いる) $\to \dfrac{1}{z-1}$

(回転・伸縮) $\to \dfrac{2\sqrt{2}(\cos \pi/4 + \sin \pi/4)}{z-1}$

(移動)$\to w$

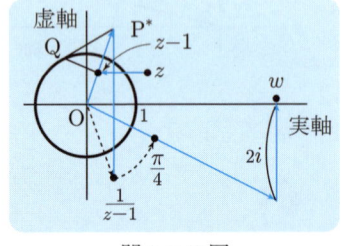

問 2.5 の図

演習問題解答（第 2 章）

演習 2.1 $w = \dfrac{z-1}{z}$

演習 2.2 p.39 の例題 2.2 より単位円を単位円に移す 1 次変換は $w = e^{ip}\dfrac{z-\alpha}{1-\overline{\alpha}z}$ (p は実数, $|\alpha| \neq 1$) の形をしている. いま $z = \alpha$ のとき, $w = 0$ だから, 条件 (2) より $\alpha = 1/2$ となる. したがって $w = e^{ip}(2z-1)/(2-z)$. とこ
ろで, $z = 3$ のとき, $w = -5$ だから, $-5 = -5e^{ip}$. よって $e^{ip} = 1$. 求める 1 次関数は
$$w = \dfrac{2z-1}{2-z}.$$

演習 2.3 a, b, c, d は実数より $\overline{w} = \dfrac{a\overline{z}+b}{c\overline{z}+d}, w - \overline{w} = \dfrac{(ad-bc)(z-\overline{z})}{|cz+d|^2}$. これ
より $z = \overline{z}$ のとき $w = \overline{w}$, つまり実軸は実軸に移る.

また, $\mathrm{Im}\, w = \dfrac{(ad-bc)}{|cz+d|^2}\mathrm{Im}\, z$. よって $ad - bc > 0$ より $\mathrm{Im}\, z > 0$ のとき
$\mathrm{Im}\, w > 0$ である. よって上半平面は上半平面に移る.

第 3 章

正 則 関 数

本章の目的　複素関数 $w = f(z)$ が z 平面から w 平面への写像と考えられることを示し，複素関数の連続性や微分可能性について考える．

次に複素関数の理論の中心概念である正則関数について学習する．また，その正則性の判定条件としての，コーシー・リーマンの微分方程式を導く．特に，$f(z) \neq 0$ のときは，z 平面から w 平面への写像の等角性が得られる．これは，複素関数がポテンシャルの理論などで有効に使われる根拠を与えるものである．

本章の内容

3.1　複素関数
3.2　複素関数の極限値・連続性・微分可能性
3.3　コーシー・リーマンの微分方程式，正則関数
3.4　等角写像

3.1 複素関数

近傍・開集合・領域　第1章 (p.20 の (1.19)) で学んだように，複素数平面上の点 z_0 を中心とする半径 $r(>0)$ の円は，$|z - z_0| = r$ であった．この円の内部

$$U_r(z_0) = \{z; |z - z_0| < r\}$$

は z_0 の **r 近傍**と呼ばれ，$U_r(z_0)$ で表される．簡単に z_0 の**近傍**といえば，半径 $r(>0)$ に対する小円 $U_r(z_0)$ を意味するものとする（⇨ 図 3.1）．

複素数平面上に集合 D があるとき，D の1点 z_0 においてその十分小さな近傍 $U_r(z_0)$ が D に含まれているならば，z_0 を D の**内点**という．また，点 z_0 が D の**外点**とは，z_0 が D^c（D の補集合）の内点であることをいう．点 z_0 が内点でも外点でもないとき，点 z_0 を**境界点**という．D のすべての点が D の内点であるとき，D は**開集合**であるという（⇨ 図 3.2）．

また，開集合 D の任意の2点が，D に含まれる連続曲線で結ばれているとき，D を**領域**であるという（⇨ 図 3.3，図 3.4）．

例えば，円や，三角形の内部（境界を含まない）の点全体の集合，実軸の上半分等は領域である．

複素関数　複素関数 $w = f(z)$ とは，複素数 z を1つ決めるとき，それに対して，1つの複素数 w が定まることを意味する．

言い換えれば，複素数 w を $w = u + vi$ と表すとき，$z = x + yi$ の1つの x, y の組に対して，2変数の実数値関数

$$u = u(x, y), \quad v = v(x, y)$$

の組が1つ定まることを意味する．

これを視覚的にとらえるには，複素数平面である

$$\boldsymbol{z} \text{ 平面 } (z = x + yi) \quad \text{と} \quad \boldsymbol{w} \text{ 平面 } (w = u(x, y) + v(x, y)i)$$

を次ページの図 3.5 のように対応させればよい．

このことから，$w = f(z)$ は z 平面上の点 z に w 平面上の点 $f(z)$ を対応させる**写像**や**変換**ということもある．

3.1 複 素 関 数

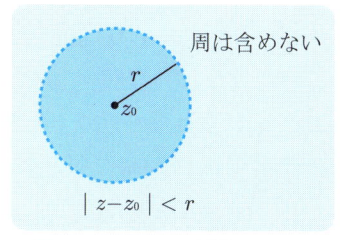

● **より理解を深めるために** ●

図 3.1　z_0 の r 近傍 $U_r(z_0)$

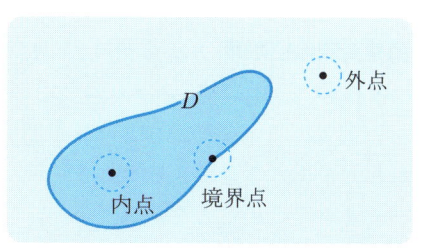

図 3.2　開集合，内点，外点，境界点

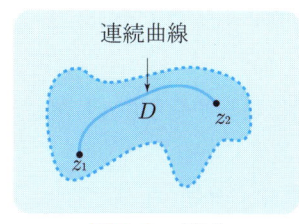

図 3.3　領域

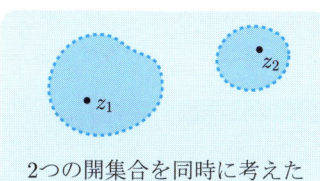

図 3.4　領域でない例

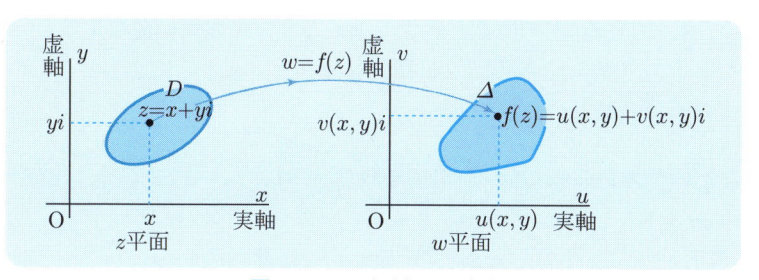

図 3.5　z 平面と w 平面

(解答は章末の p.62 に掲載されています.)

　問 3.1　$z_0 = 2 - 3i$ のとき，z_0 の 2 近傍 $|z - z_0| < 2$ を図示せよ.

　問 3.2　次の各集合は領域であることを確かめよ.
(1)　$A = \{z; |z| < 2\}$
(2)　$B = A \cap \{z; \mathrm{Re}\, z \neq 0\}$
(3)　$C = A \cap \{z; |z| > 1\}$

　問 3.3　全平面を定義とする次の各関数において，u, v を x, y で表せ.
(1)　$w = 2z - i$　　(2)　$w = z^2$

3.2 複素関数の極限値・連続性・微分可能性

複素関数の極限値 z_0 を領域 D 内の 1 点とする。関数 $w = f(z)$ は z_0 を除く D 内で定義されているものとする。点 z_0 では $f(z)$ の値は定まっていても，定まっていなくてもよいものとする。z が z_0 に限りなく近づくとき，それがどのような近づき方であっても，$f(z)$ がある複素数値 w_0 に限りなく近づくとき，このことを

$$z \to z_0 \text{ のとき } f(z) \to w_0 \quad \text{または} \quad \lim_{z \to z_0} f(z) = w_0 \quad (3.1)$$

などと表し，w_0 を $z \to z_0$ のときの $f(z)$ の**極限値**または**極限**といい，$z \to z_0$ のとき，$f(z)$ は w_0 に**収束する**という (⇨ 図 3.6)。

複素関数の連続性 関数 $f(z)$ が $z \to z_0$ のとき極限値をもち，しかもその値が $f(z_0)$ に等しいとき，$f(z)$ は $\boldsymbol{z_0}$ で**連続**であるであるという。また $f(z)$ が領域 D の各点で連続ならば，$f(z)$ は $\boldsymbol{D}$ で**連続**であるという。

発散 極限値 w_0 が定まらないときには，$z \to z_0$ のとき $f(z)$ は**発散する**という。特に $|f(z)|$ が限りなく大きくなるときは**無限大に発散する**という。

さて，次の定理 3.1, 定理 3.2 は微分積分学と同じように証明できるので，ここでは単に結果だけ述べておく。

定理 3.1 (複素数の和・差・積・商の極限値) $f(z) \to \alpha \ (z \to z_0)$, $g(z) \to \beta \ (z \to z_0)$ のとき，
① $\{f(z) \pm g(z)\} \to \alpha \pm \beta \quad (z \to z_0) \quad$ (複号同順)
② $f(z) \cdot g(z) \to \alpha \cdot \beta \quad (z \to z_0)$
③ $f(z)/g(z) \to \alpha/\beta \quad (z \to z_0) \quad (\beta \neq 0)$

定理 3.2 (連続関数の基本定理) 領域 D において，$f(z), g(z)$ が連続関数ならば，次の①〜③は連続関数である。
① $f(z) \pm g(z)$
② $f(z) \cdot g(z)$
③ $f(z)/g(z) \ (g(z) \neq 0)$

3.2 複素関数の極限値・連続性・微分可能性

● **より理解を深めるために** ●

追記 3.1 $\varepsilon\text{-}\delta$ 論法 左ページの (3.1) の極限値の定義をより精密に述べると次のようになる．つまり，$z \to z_0$ のとき，$f(z)$ が w_0 に収束するということは，「任意の $\varepsilon > 0$ に対して，ある $\delta > 0$ がきまり，$0 < |z - z_0| < \delta$ であるようなすべての z に対して，$|f(z) - w_0| < \varepsilon$ となること」である．

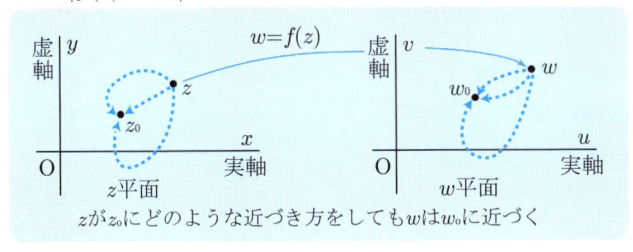

図 3.6 複素関数の極限値

例 3.1 $\displaystyle\lim_{z \to 1} \frac{1}{1-z} = \infty$ であることを示せ． □

[**解**] z がどのような方法で 1 に近づいても，$|1/(1-z)|$ は限りなく大きくなり，無限大に発散する．つまり，その写像の点の極限の位置は無限遠点 ∞ である． ■

注意 3.1 複素数平面上では，∞ はただ 1 つの点であって，$+\infty$ とか $-\infty$ とかいう区別はないから微分積分学のように $\pm\infty$ としてはいけない．

例 3.2 $\displaystyle\lim_{z \to 0} \frac{\overline{z}}{z}$ を求めよ． □

[**解**] z が実軸に沿って 0 に近づけば，$z = x, \overline{z} = x$ より，$\overline{z}/z = x/x \to 1$ $(x \to 0)$．一方，z が虚軸に沿って 0 に近づけば，$z = yi, \overline{z} = -yi$ より，$\overline{z}/z = -iy/iy \to -1$ $(y \to 0)$．よって，$z \to 0$ のとき，$\overline{z}/z$ の極限値は存在しない． ■

図 3.7

問 3.4[†] 次の極限値を求めよ．
(1) $\displaystyle\lim_{z \to i} \frac{z-1}{z+1}$ (2) $\displaystyle\lim_{z \to i} \frac{z^2 + (1-i)z - i}{z^2 + 1}$

問 3.5[†] $f(z)$ が z_0 で連続ならば，$\operatorname{Re} f(z), |f(z)|$ は z_0 で連続であることを証明せよ．

問 3.6[†] $f(z) = \operatorname{Re} z/(1 + |z|)$ が $z = 0$ で連続であることを示せ．

[†] 「演習と応用関数論」(サイエンス社) p.22 の問題 14.1 (1), (3), 問題 14.2, 問題 14.3 (2) を参照．

微分係数 $f(z)$ は領域 D で定義され，$z_0 \in D$ とする．いま，極限値

$$\lim_{z \to z_0} \frac{f(z) - f(z_0)}{z - z_0} = \lim_{h \to 0} \frac{f(z_0 + h) - f(z_0)}{h} \tag{3.2}$$

が存在するならば，この極限値を $f'(z_0)$ で表し，z_0 における $f(z)$ の微分係数といい，$f(z)$ は z_0 で微分可能であるという．(3.2) は p.48 で述べたように，あらゆる方向から z が z_0 に近づくとき，$\dfrac{f(z) - f(z_0)}{z - z_0}$ が一定の複素数 $f'(z_0)$ に近づくことを意味する．

この微分係数の定義 (3.2) は次のように書き直すことができる．いま，

$$\frac{f(z) - f(z_0)}{z - z_0} = f'(z_0) + \varepsilon$$

とおくと

$$|\varepsilon| = \left| \frac{f(z) - f(z_0)}{z - z_0} - f'(z_0) \right|$$

と書けるから，$f(z)$ が微分可能ならば，$z \to z_0$ のとき $\varepsilon \to 0$．逆に，

$$f(z) = f(z_0) + \alpha(z - z_0) + \varepsilon(z - z_0) \tag{3.3}$$

の形で書き表され，

$$z \to z_0 \quad \text{のとき} \quad \varepsilon \to 0 \tag{3.4}$$

となるならば，$f(z)$ は z_0 で微分可能となり，$\alpha = f'(z_0)$ となる．

導関数 領域 D で定義された複素関数 $w = f(z)$ が D の各点で微分可能であるとき，$f(z)$ は **D で微分可能**であるという．微分係数 $f'(z)$ は D 内の z の関数となるので，これを **$f(z)$ の導関数**といい，w'，$\dfrac{dw}{dz}$，$\dfrac{df(z)}{dz}$ 等と表す．

導関数に関して次の定理が成り立つ（「微分積分学」と同様に証明できる）．

定理 3.3 (微分に関する基本公式)
① $F(z) = f(z) \pm g(z)$ のとき $F'(z) = f'(z) \pm g'(z)$
② $F(z) = f(z) \cdot g(z)$ のとき $F'(z) = f'(z) \cdot g(z) + f(z) \cdot g'(z)$
③ $F(z) = \dfrac{f(z)}{g(z)}$ のとき $F'(z) = \dfrac{f'(z)g(z) - f(z)g'(z)}{g(z)^2}$
④ $F(z) = g(w), w = f(z)$ のとき $F'(z) = g'(w)f'(z)$

3.2 複素関数の極限値・連続性・微分可能性

● **より理解を深めるために**

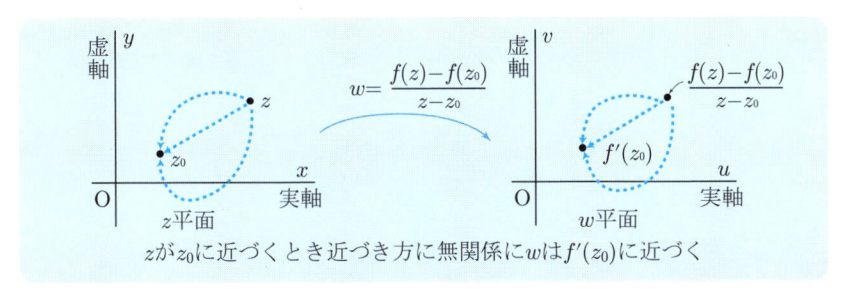

図 3.8 複素関数の微分係数

例 3.3 $f(z) = z^n$（n は正の整数）の導関数を求めよ．

[解] 2項定理により，
$$(z+h)^n = z^n + nz^{n-1}h + \frac{1}{2}n(n-1)z^{n-2}h^2 + \cdots + nzh^{n-1} + h^n.$$

z^n を左辺に移項し，両辺を h で割ると，
$$\frac{(z+h)^n - z^n}{h} = nz^{n-1} + \frac{1}{2}n(n-1)z^{n-2}h + \cdots + nzh^{n-2} + h^{n-1}.$$

よって，$h \to 0$ の極限を考えると，$f'(z) = nz^{n-1}$ である．

例 3.4 $f(z) = \operatorname{Re} z$ はすべての点で微分可能でないことを示せ．

[解] $z_0 = x_0 + y_0 i, h = |h|(\cos\theta + i\sin\theta)$ とおくと，定義より
$$\lim_{h \to 0} \frac{\operatorname{Re}(z_0 + h) - \operatorname{Re} z_0}{h} = \lim_{h \to 0} \frac{x_0 + |h|\cos\theta - x_0}{|h|(\cos\theta + i\sin\theta)}$$
$$= \frac{\cos\theta}{\cos\theta + i\sin\theta}$$
$$= \cos\theta(\cos\theta + i\sin\theta)^{-1} = \cos\theta(\cos\theta - i\sin\theta)$$

となり，この値は θ によって異なる．よってすべての点で微分可能でない．

問 3.7 次の関数を微分せよ．
(1) $f(z) = (z^2 + 1)^2$ (2) $z/(z^4 - 4)$ $(z \neq \pm\sqrt{2}, \pm\sqrt{2}i)$

問 3.8 (1) 点 z_0 で微分可能な関数 $f(z)$ は点 z_0 で連続となることを示せ．
(2) $g(z)$ が z_0 で微分可能で $g(z_0) \neq 0$ ならば，$\left(\dfrac{1}{g}\right)' = -\dfrac{g'}{g^2}$ を示せ．また，上記例 3.3 で n が負の整数のときも成立することを示せ．

3.3　コーシー・リーマンの微分方程式，正則関数

定理 3.4 (微分可能であるための必要十分条件)　関数 $f(z) = u(x,y) + v(x,y)i$ が点 $z_0 = x_0 + y_0 i$ で微分可能であるための必要十分条件は，(x_0, y_0) で $u(x,y), v(x,y)$ が全微分可能で，しかも

$$\frac{\partial u}{\partial x} = \frac{\partial v}{\partial y}, \quad \frac{\partial u}{\partial y} = -\frac{\partial v}{\partial x} \tag{3.5}$$

が成立することである（⇨次ページの●参考●）．

(3.5) をコーシー・リーマンの微分方程式という．

［証明］　必要条件の証明　$f(z)$ が z_0 で微分可能のとき，$u(x,y), v(x,y)$ が全微分可能で，しかも (3.5) が成立することを証明する．

$f(z)$ が $z_0 = x_0 + y_0 i$ で微分可能と仮定すると，p.50 の (3.3), (3.4) が成り立つ．ここで，$\alpha = a + bi, \varepsilon = \varepsilon_1 + \varepsilon_2 i$ とおくと，(3.3) の実部，虚部は次のようになる．

$$u(x,y) = u(x_0, y_0) + a(x - x_0) - b(y - y_0) + \varepsilon_1(x - x_0) - \varepsilon_2(y - y_0) \tag{3.6}$$

$$v(x,y) = v(x_0, y_0) + b(x - x_0) + a(y - y_0) + \varepsilon_2(x - x_0) + \varepsilon_1(y - y_0) \tag{3.7}$$

$|z - z_0| = \sqrt{(x - x_0)^2 + (y - y_0)^2} = \rho$ とおき，

$$\eta_1 = \{\varepsilon_1(x - x_0) - \varepsilon_2(y - y_0)\}/\rho, \quad \eta_2 = \{\varepsilon_2(x - x_0) + \varepsilon_1(y - y_0)\}/\rho$$

とおくと，$|\eta_1| \leq |\varepsilon_1| + |\varepsilon_2| \leq 2|\varepsilon|, |\eta_2| \leq 2|\varepsilon|$ となり，(3.4) より，$\rho \to 0$ のとき，$\eta_1, \eta_2 \to 0$ となる．

よって，全微分可能の定義（⇨次ページの●参考●）より，$u(x,y), v(x,y)$ は (x_0, y_0) で全微分可能となり，次の式が成り立つ．

$$a = \frac{\partial u}{\partial x}, \quad -b = \frac{\partial u}{\partial y}, \quad b = \frac{\partial v}{\partial x}, \quad a = \frac{\partial v}{\partial y}$$

$$\therefore \quad \frac{\partial u}{\partial x} = \frac{\partial v}{\partial y}, \quad \frac{\partial u}{\partial y} = -\frac{\partial v}{\partial x}$$

十分条件の証明は p.54 へつづく．

3.3 コーシー・リーマンの微分方程式，正則関数

● **より理解を深めるために** ●

●**参考**● 実数値関数 $f(x, y)$ の全微分可能性について

実数値関数 $f(x, y)$ が点 (x, y) で**全微分可能**であるとは，x, y の増分 $\Delta x, \Delta y$ に対して $\Delta x, \Delta y$ に無関係な a, b が存在して，

$$f(x+\Delta x, y+\Delta y) - f(x,y) = a\Delta x + b\Delta y + \varepsilon\sqrt{(\Delta x)^2 + (\Delta y)^2}$$

$$\Delta x \to 0, \Delta y \to 0 \quad \text{のとき} \quad \varepsilon \to 0$$

となることである．ここに，$a = f_x$, $b = f_y$ である．

全微分可能性について次の性質がある．

(1) **全微分可能性と偏微分可能性** $f(x, y)$ が点 (x, y) で全微分可能ならば，$f(x, y)$ は偏微分可能である．

(2) **全微分可能性** $f(x, y)$ が点 (x, y) を含む領域において，偏微分可能で，かつ $f_x(x, y), f_y(x, y)$ が点 (x, y) で連続ならば，$f(x, y)$ は全微分可能である．

例 3.5 $f(z) = \bar{z} = x - yi$ はどのような点 z においても微分可能でないことを示せ． □

[解] $f(z) = u + vi$ とおくと，$u = x, v = -y$ である．よって，$u_x = 1, v_y = -1$ となり，p.52 のコーシー・リーマンの微分方程式をみたさない．よって $f(z) = \bar{z}$ は微分可能でない． ■

注意 3.2 p.52 の定理 3.4，例 3.5 や次の問 3.9 からわかるように，正則な関数とは，制約の多い関数である．複素関数論では，このような正則性という制約の多い関数を扱うのである．このことによって，我々はわずらわしさから解放され，コーシー・リーマンの微分方程式を出発点として，これから学ぶコーシーの定理を根幹として，等角写像という幾何学的な性質ともあいまって，理論的にも，また物理学や工学への応用においても有効な美しい体系を構築するのである．

問 3.9 次の各関数は微分可能でないことを確かめよ．
(1) $f(z) = \text{Im}\, z$ (2) $f(z) = x^2 + y^2 i \quad (z \neq 0)$

p.52 につづき，定理 3.4 の十分条件の証明をする．

[証明] **十分条件の証明**　$u(x,y), v(x,y)$ が (x_0, y_0) で全微分可能で, (3.5) をみたすものと仮定すると，$f(z)$ が微分可能であることを示す．

まずはじめに仮定から，$u(x,y), v(x,y)$ が (x_0, y_0) で全微分可能であるから，$f(z) - f(z_0) = u(x,y) - u(x_0, y_0) + i\{v(x,y) - v(x_0, y_0)\}$ とすると，

$$u(x,y) - u(x_0, y_0) = u_x(x - x_0) + u_y(y - y_0) + \eta_1 \rho$$
$$v(x,y) - v(x_0, y_0) = v_x(x - x_0) + v_y(y - y_0) + \eta_2 \rho$$

と書ける．ここに $\rho = \sqrt{(x-x_0)^2 + (y-y_0)^2}$ であり，$(x,y) \to (x_0, y_0)$ のとき，つまり $\rho \to 0$ のとき，$\eta_1 \to 0, \eta_2 \to 0$ である．

これにコーシー・リーマンの微分方程式 (3.5) を用いると，

$$\begin{aligned}
f(z) - f(z_0) &= u_x(x - x_0) - v_x(y - y_0) \\
&\quad + i\{v_x(x - x_0) + u_x(y - y_0)\} + (\eta_1 + i\eta_2)\rho \\
&= (u_x + iv_x)(z - z_0) + (\eta_1 + i\eta_2)\rho.
\end{aligned}$$

ゆえに，$\dfrac{f(z) - f(z_0)}{z - z_0} = u_x + iv_x + (\eta_1 + i\eta_2)\dfrac{\rho}{z - z_0}$ となる．

$|\rho/(z - z_0)| = 1, z \to z_0$ のとき $\eta_1 + i\eta_2 \to 0$. したがって，$f(z)$ は z_0 で微分可能で，次式が成り立つ．

$$\begin{aligned}
f'(z_0) &= u_x(x_0, y_0) + iv_x(x_0, y_0) \\
&= v_y(x_0, y_0) - iu_y(x_0, y_0)
\end{aligned} \tag{3.8}$$

□

正則な関数　p.46 で $\{z; |z - z_0| < \rho\}$ の形の集合を z_0 の ρ 近傍といい，ρ を特定する必要のないとき単に z_0 の近傍といった．D を領域とするとき，D 内の 1 点 $z = z_0$ の近傍の各点で微分可能なとき，関数 $f(z)$ は **z_0 の近傍で正則である**，あるいは簡単に，**$f(z)$ は z_0 で正則である**という．

次に，領域 D の各点 z_0 では，z_0 の十分小さい ρ 近傍は D に含まれているので，上の定義に基づいて $f(z)$ が $z = z_0$ で正則かどうか考えられる．そこで，複素関数 $f(z)$ が領域 D の各点で正則ならば，**$f(z)$ は D で正則である**という．

3.3 コーシー・リーマンの微分方程式，正則関数

● **より理解を深めるために** ●

例 3.6 $f(z) = |z|^2$ は，$z=0$ で微分可能であるが，そこでは正則でないことを示せ．

[解]
$$\lim_{h \to 0} \frac{|0+h|^2 - |0|^2}{h} = \lim_{h \to 0} \frac{|h|^2}{h} = \lim_{h \to 0} \frac{h\overline{h}}{h} = \lim_{h \to 0} \overline{h} = 0$$

よって，$f(z)$ は $z=0$ で微分可能で，$f'(0) = 0$ を示している．

ところが $f(z) = |z|^2 = x^2 + y^2$ はコーシー・リーマンの微分方程式をみたしていない．つまり $u_x = 2x, v_y = 0$．よって $x = y = 0$ 以外では微分可能でないから $z=0$ で正則でない． ■

注意 3.3 「z_0 で正則である」ということは，「z_0 の近傍の各点で微分可能である」ことを意味しており，「z_0 で微分可能である」ということとは違うのである．

例 3.7 $u(x,y) = 3x^2y - y^3$ が正則関数の実部であるとき，虚部を求めよ． □

[解] $f(z)$ の虚部を $v(x,y)$ とおくと，$f(z)$ は正則関数であるから，コーシー・リーマンの微分方程式をみたす．よって，$u_x = v_y, u_y = -v_x$ であるから，

$$v_y = u_x = 6xy \qquad \cdots ①$$

$$v_x = -u_y = -3x^2 + 3y^2 \qquad \cdots ②$$

となる．①より，$v_y = 6xy$ となるような v を求めると次のようになる．

$$v = 3xy^2 + \varphi(x) \qquad \cdots ③$$

③と②より，$3y^2 + \varphi'(x) = -3x^2 + 3y^2$．よって $\varphi'(x) = -3x^2$．これより $\varphi(x) = -x^3 + C$ となる．ゆえに③より，$v(x,y) = 3xy^2 - x^3 + C$． ■

問 3.10 次の関数は正則か．正則の場合はその導関数を求めよ．

(1) $f(z) = x^3 - y^3 + 2x^2y^2 i$ 　　(2) $f(z) = \dfrac{x+y}{x^2+y^2} + i\dfrac{x-y}{x^2+y^2}$ 　($z \neq 0$)

問 3.11 正則関数 $f(z)$ の実部が $u(x,y) = x^2 - y^2 + y$ であるとき，虚部 $v(x,y)$ を求めよ．

3.4 等角写像

滑らかな曲線 実変数 t の関数 $\varphi(t) = f(t) + ig(t)$ を考える．$f'(t), g'(t)$ が連続で，$\varphi'(t) = f'(t) + ig'(t)$ と定義するとき，$\varphi'(t) \neq 0$ ならば，$\varphi(t)$ を滑らかな曲線という．

等角写像 正則関数は次のような等角写像性をもっている．

> **定理 3.5**（正則関数の等角写像性） $w = f(z)$ が $z = z_0$ において正則で，$f'(z_0) \neq 0$ とする．いま，C_1, C_2 を z 平面上の点 z_0 で交わる滑らかな 2 つの曲線とし，$w = f(z)$ による，C_1, C_2 の w 平面上への像を Γ_1, Γ_2 とする．いま，$w_0 = f(z_0)$ とすると，w_0 は Γ_1, Γ_2 の交点である．2 曲線 C_1, C_2 の交点 z_0 での 2 接線のなす角は，2 曲線 Γ_1, Γ_2 の交点 w_0 での 2 接線のなす角に等しい（⇨ 図 3.9）．

この性質を，正則関数 $w = f(z)$ による写像は，z_0 において**等角写像**であるという．

[証明] 曲線 C_1, C_2 上にそれぞれ z_0 の十分近くにある z_1, z_2 をとり，$w_1 = f(z_1), w_2 = f(z_2)$ とする．$f(z)$ は z_0 で正則であるから，$\dfrac{w_1 - w_0}{z_1 - z_0}$
$= f'(z_0) + \varepsilon_1, \varepsilon_1 \to 0 (z_1 \to z_0), \dfrac{w_2 - w_0}{z_2 - z_0} = f'(z_0) + \varepsilon_2, \varepsilon_2 \to 0 \ (z_2 \to z_0)$
が成立する．

$$\therefore \quad \frac{(w_2 - w_0)/(w_1 - w_0)}{(z_2 - z_0)/(z_1 - z_0)} = \frac{(w_2 - w_0)/(z_2 - z_0)}{(w_1 - w_0)/(z_1 - z_0)}$$
$$= \{f'(z_0) + \varepsilon_2\}/\{f'(z_0) + \varepsilon_1\} \to 1 \quad (z_1, z_2 \to z_0) \quad \cdots ①$$

また，$\angle w_1 w_0 w_2 = \arg \dfrac{w_2 - w_0}{w_1 - w_0}, \quad \angle z_1 z_0 z_2 = \arg \dfrac{z_2 - z_0}{z_1 - z_0}.$ $\quad \cdots ②$

いま，$z_1 \to z_0$ のとき，直線 $z_0 z_1$ は C_1 の点 z_0 での接線に近づき，直線 $w_0 w_1$ は Γ_1 の点 w_0 での接線に近づく．また $z_2 \to z_0$ のときも直線 $z_0 z_2$ は C_2 の点 z_0 での接線に，直線 $w_0 w_2$ は Γ_2 の点 w_0 での接線にそれぞれ近づく．①，②より $z_1, z_2 \to z_0$ とした極限において，C_1 と C_2 の z_0 での接線のなす角と，Γ_1 と Γ_2 の w_0 での接線のなす角はその比が 1 である．したがってその両者は等しい． □

3.4 等角写像

● **より理解を深めるために** ●

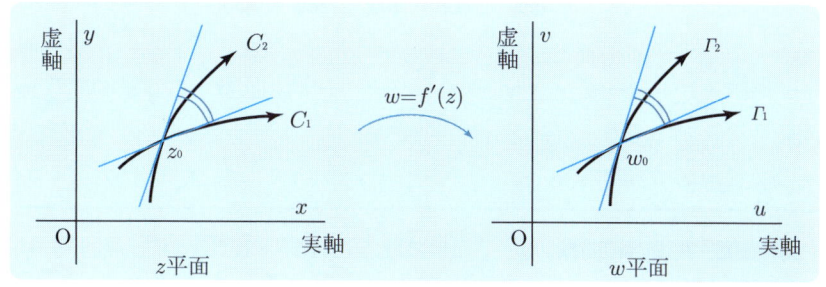

図 3.9 等角写像

例 3.8 $0 \leq t \leq 2\pi$ で定義された次の関数，
$$z = \varphi(t) = \cos t + i \sin t$$
は滑らかな曲線である．これは単位円を表す． □

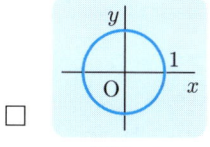

図 3.10

例 3.9 関数 $w = z^2$ において，z 平面上の点 P(1,1) を通る座標軸に平行な直線 $x = 1, y = 1$ の像を求め，点 P における等角性を確かめよ． □

[解] $z = x+yi, w = u+vi$ とおくと，$w = z^2 = x^2 - y^2 + 2xyi$ より，$u = x^2 - y^2, v = 2xy$．$x = 1$ の像は，$u = 1-y^2, v = 2y$ より y を消去して，$v^2 = 4(1-u)$ ⋯①．同様に，$y = 1$ の像は，$u = x^2 - 1$ より $v^2 = 4(1+u)$ ⋯②．次に，直線 $x = 1, y = 1$ は点 P(1,1) で直交する．この点 P の $w = z^2$ による像は Q(0,2) であり，①，②の交点の1つである．この点 Q で①，②に引いた接線の傾きを求める．

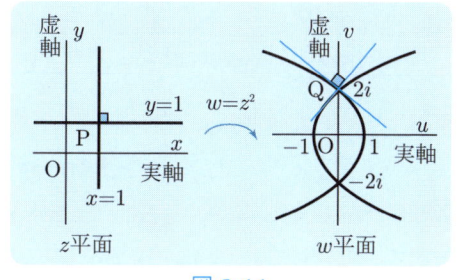

図 3.11

①では $2v\dfrac{dv}{du} = -4$ より $\dfrac{dv}{du} = -1$，②では $2v\dfrac{dv}{du} = 4$ より $\dfrac{dv}{du} = 1$ となり，これらの積は -1 となる．すなわち，①，②の交点 Q でそれぞれの曲線に引いた接線は互いに直交する． ■

問 3.12 $w = 1/z \ (z \neq 0)$ による，z 平面上の直線 $x = C_1, y = C_2$ の像を求め，その交点での等角性を確かめよ．

演習問題

---**例題 3.1**---------------------**調和関数・共役調和関数**---

関数 $u(x,y) = x^3 - 3xy^2$ が調和関数であることを示し，その共役調和関数 $v(x,y)$ を求めよ．

調和関数・共役調和関数　xy 平面の領域 D で定義された実数値関数 $h(x,y)$ の 2 階偏導関数が連続であるとき，$h(x,y)$ が

$$\Delta h = \frac{\partial^2 h}{\partial x^2} + \frac{\partial^2 h}{\partial y^2} = 0$$

をみたすとき，$h(x,y)$ は D で調和であるといい，Δ をラプラスの演算子という．また，2 つの調和関数 $u(x,y), v(x,y)$ がコーシー・リーマンの微分方程式をみたすとき，$v(x,y)$ を $u(x,y)$ の共役調和関数という．

[解]　$u_x = 3x^2 - 3y^2, u_{xx} = 6x, u_y = -6xy, u_{yy} = -6x$ より $\Delta u = u_{xx} + v_{yy} = 6x - 6x = 0$ となる．したがって，$u(x,y)$ は調和関数となる．

次に共役調和関数 $v(x,y)$ は，コーシー・リーマンの微分方程式より，

$$v_x = -u_y = 6xy \qquad \cdots ①$$

$$v_y = u_x = 3x^2 - 3y^2 \qquad \cdots ②$$

② より，$v = 3x^2y - y^3 + \varphi(x)$．ここで $\varphi(x)$ は x のみの関数である．これを x で偏微分して $v_x = 6xy + \varphi'(x)$．これと，① より，$6xy + \varphi'(x) = 6xy$ となり，$\varphi'(x) = 0$.

$$\therefore \quad \varphi(x) = C \quad (定数)$$

ゆえに，$\qquad v(x,y) = 3x^2y - y^3 + C$

が求める共役調和関数となる．

(解答は章末の p.64 に掲載されています．)

演習 3.1　$u(x,y)$ および $v(x,y)$ が調和関数のとき，$f(z) = (u_y - v_x) + i(u_x + v_y)$ は z の正則関数となることを示せ．

演習問題

―― 例題 3.2 ――――――――――――――――――― 写像 $w = z + \dfrac{1}{z}$ ――

(1) $w = z + \dfrac{1}{z}$ により，円 $|z| = r$ はどのような曲線に写像されるか．

(2) 上の関数により，領域 $1 < |z| < 2$ はどのような領域に写像されるか図示せよ．

[解] (1) $z = r(\cos\theta + i\sin\theta)$ とし，$w = z + \dfrac{1}{z} = u + vi$ とすれば

$$u = \left(r + \frac{1}{r}\right)\cos\theta, \quad v = \left(r - \frac{1}{r}\right)\sin\theta \qquad \cdots ①$$

$r \neq 1$ のときは上式より θ を消去すれば，

$$\frac{u^2}{(r+1/r)^2} + \frac{v^2}{(r-1/r)^2} = 1$$

これは $2, -2$ を焦点とする楕円を表す $\left(\dfrac{x^2}{a^2} + \dfrac{y^2}{b^2} = 1\right.$ の焦点 c は $a^2 - b^2 = c^2$ となる $\Big)$．

$r = 1$ のときは，① より $u = 2\cos\theta, v = 0$ となり，-2 と 2 を結ぶ線分となる．

(2) $1 < r < 2$ のとき，

$$2 < r + \frac{1}{r} < \frac{5}{2}, \quad 0 < r - \frac{1}{r} < \frac{3}{2}$$

だから，求める領域は楕円の内部

$$\frac{u^2}{(5/2)^2} + \frac{v^2}{(3/2)^2} < 1$$

から実軸上の区間 $[-2, 2]$ を除いた部分となる．

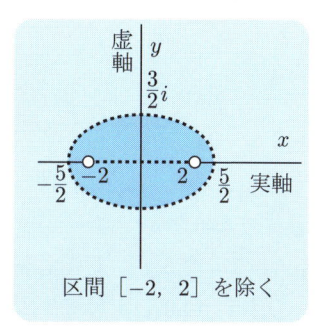

図 3.12

―――

演習 3.2 $w = z^2$ によって，z 平面の実軸および虚軸はどんな曲線に写像されるか図示せよ．

┌─ 例題 3.3 ─────────────────────────────── 正則な関数 ─┐
次の関数はどのような領域で正則となるか．また，その領域での導関数を求めよ．
(1) $f(z) = e^{-y}(\cos x + i \sin x)$
(2) $f(z) = z + 1/z$
└───┘

[解] (1) $u = e^{-y} \cos x$, $v = e^{-y} \sin x$ とおくと，$f = u + vi$ となり，
$$u_x = -e^{-y} \sin x, \quad u_y = -e^{-y} \cos x$$
$$v_x = e^{-y} \cos x, \quad v_y = -e^{-y} \sin x$$
となる．よって，u, v は全平面で偏微分可能で，かつ偏導関数が連続であるので p.53 の参考 (2) により全微分可能である．またコーシー・リーマンの微分方程式をみたすので，p.52 の定理 3.4 により，$f(z)$ は平面全体で正則となる．特に p.54 の (3.8) により
$$f'(z) = u_x + iv_x = -e^{-y} \sin x + ie^{-y} \cos x.$$

(2) $f(z) = u + vi$, $z = x + yi$ とすると，
$$u = x + \frac{x}{x^2 + y^2}, \quad v = y - \frac{y}{x^2 + y^2}$$
となる．よって
$$\frac{\partial u}{\partial x} = 1 + \frac{-x^2 + y^2}{(x^2 + y^2)^2} = \frac{\partial v}{\partial y}, \quad \frac{\partial u}{\partial y} = -\frac{2xy}{(x^2 + y^2)^2} = -\frac{\partial v}{\partial x}$$
となる．ゆえに，u, v は $x \neq 0, y \neq 0$ において偏微分可能で，偏導関数は連続であり，かつコーシー・リーマンの微分方程式をみたしている．よって p.52 の定理 3.4 により全平面から，$z = 0$ を除いた領域で正則である．
次に，p.50 の定理 3.3 により，$f'(z) = 1 - z^{-2}$.

演習 3.3 $f(z) = u(x, y) + iv(x, y)$ が領域 D で正則で，$f'(z) = 0$ ならば $f(z)$ は定数となることを示せ．

演習 3.4 正則な関数の実部が $u(x, y) = e^x \cos y$ で $f(0) = 1$ のとき，虚部を求めよ．

例題 3.4 ───── 極座標によるコーシー・リーマンの微分方程式 ─────

極座標 $x = r\cos\theta,\ y = r\sin\theta$ を用いて, コーシー・リーマンの微分方程式

$$\frac{\partial u}{\partial x} = \frac{\partial v}{\partial y} \quad \cdots ①, \qquad \frac{\partial u}{\partial y} = -\frac{\partial v}{\partial x} \quad \cdots ②$$

を次のように変形せよ.

$$\frac{\partial u}{\partial r} = \frac{1}{r}\frac{\partial v}{\partial \theta}, \quad \frac{\partial v}{\partial r} = -\frac{1}{r}\frac{\partial u}{\partial \theta} \tag{3.9}$$

[解] $u(x,y), v(x,y)$ において変数 x, y を r, θ に変更する (微分積分学で学んだ偏微分方程式の章を参照).

$$\frac{\partial u}{\partial r} = \frac{\partial u}{\partial x}\frac{\partial x}{\partial r} + \frac{\partial u}{\partial y}\frac{\partial y}{\partial r}, \quad \frac{\partial u}{\partial \theta} = \frac{\partial u}{\partial x}\frac{\partial x}{\partial \theta} + \frac{\partial u}{\partial y}\frac{\partial y}{\partial \theta}$$

を用いて,

$$\frac{\partial u}{\partial r} = \frac{\partial u}{\partial x}\cos\theta + \frac{\partial u}{\partial y}\sin\theta \cdots ③, \quad \frac{\partial u}{\partial \theta} = \frac{\partial u}{\partial x}(-r\sin\theta) + \frac{\partial u}{\partial y}r\cos\theta \cdots ④$$

同様に $v(x,y)$ に対して,

$$\frac{\partial v}{\partial r} = \frac{\partial v}{\partial x}\cos\theta + \frac{\partial v}{\partial y}\sin\theta \cdots ⑤, \quad \frac{\partial v}{\partial \theta} = \frac{\partial v}{\partial x}(-r\sin\theta) + \frac{\partial v}{\partial y}r\cos\theta \cdots ⑥$$

③に①, ②を代入した式と, ⑥×1/r をあわせて考えると,

$$\frac{\partial u}{\partial r} = \frac{\partial v}{\partial y}\cos\theta - \frac{\partial v}{\partial x}\sin\theta = \frac{1}{r}\frac{\partial v}{\partial \theta}$$

⑤に①, ②を代入した式と, ④×(−1/r) をあわせて考えると,

$$\frac{\partial v}{\partial r} = -\frac{\partial u}{\partial y}\cos\theta + \frac{\partial u}{\partial x}\sin\theta = -\frac{1}{r}\frac{\partial u}{\partial \theta}$$

となる.

演習 3.5 上記例題 3.4 で導関数 $f'(z)$ は次のように表されることを示せ.

$$f'(z) = (\cos\theta - i\sin\theta)\left(\frac{\partial u}{\partial r} + i\frac{\partial v}{\partial r}\right)$$

問の解答（第3章）

問 3.1 　　**問 3.2**

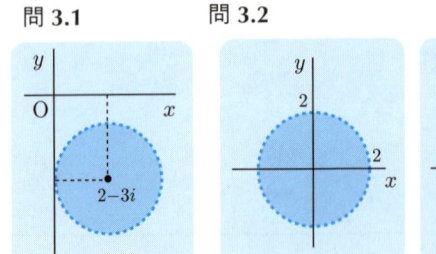

問 3.1 の図　　問 3.2 の (1) 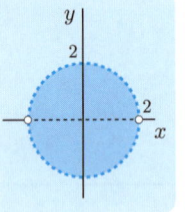　　問 3.2 の (2) 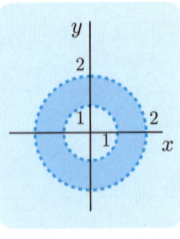　　問 3.2 の (3)

問 3.3 　(1)　$u = 2x, v = 2y - 1$　　(2)　$u = x^2 - y^2, v = 2xy$

問 3.4 　(1)　i　　(2)　$(1-i)/2$

問 3.5 　$|f(z) - f(z_0)| \to 0$ $(z \to z_0)$ より次の不等式を用いる．

$$|\mathrm{Re} f(z) - \mathrm{Re} f(z_0)| \leqq |f(z) - f(z_0)|$$

$$||f(z)| - |f(z_0)|| \leqq |f(z) - f(z_0)|$$

問 3.6 　$f(0) = 0$ より $|f(z)| \leqq |\mathrm{Re}\, z| \to 0$ $(z \to 0)$ より $z = 0$ で連続となる．

問 3.7 　(1)　$4z(z^2 + 1)$　　(2)　$-\dfrac{3z^4 + 4}{(z^4 - 4)^2}$

問 3.8 　(1)　p.50 の (3.3), (3.4) より $\lim_{z \to z_0} f(z) = f(z_0)$.
(2)　$g(z_0) \neq 0$ より，z_0 の近傍で $g(z) \neq 0$. したがって，

$$\frac{1}{z - z_0} \left\{ \frac{1}{g(z)} - \frac{1}{g(z_0)} \right\} = -\frac{g(z) - g(z_0)}{z - z_0} \frac{1}{g(z)g(z_0)} \to -\frac{g'(z)}{g(z)^2} \quad (z \to z_0).$$

次に $n = -m$ (m は正の整数) とすると，

$$(z^n)' = (z^{-m})' = (1/z^m)' = -mz^{m-1}/(z^m)^2 = -mz^{-m-1} = nz^{n-1}$$

問 3.9 　(1)　$u = 0, v = y$. $u_x = 0, v_y = 1$ となり，p.52 のコーシー・リーマンの微分方程式をみたさない．よって，微分可能でない．
(2)　$u = x^2, v = y^2$. $u_x = 2x, v_y = 2y$ となり，$x \neq 0, y \neq 0$ では $u_x \neq v_y$. よって，p.52 のコーシー・リーマンの微分方程式をみたさないので微分可能でない．

問 3.10 　(1)　$u_x = 3x^2, u_y = -3y^2, v_x = 4xy^2, v_y = 4x^2 y$. よって，点 $(0, 0), (3/4, 3/4)$ 以外では，コーシー・リーマンの微分方程式は成立しない．したがって全平面で正則でない．

(2) $z \neq 0$ で $u_x = v_y = \dfrac{y^2 - 2xy - x^2}{(x^2+y^2)^2}, u_y = -v_x = \dfrac{x^2 - 2xy - y^2}{(x^2+y^2)^2}$.
よって，p.52 の定理 3.4 より $z \neq 0$ で正則で p.54 の (3.8) より

$$f'(z) = \frac{y^2 - 2xy - x^2}{(x^2+y^2)^2} + i\frac{y^2 + 2xy - x^2}{(x^2+y^2)^2}$$

問 3.11 正則関数であるので，p.52 の定理 3.4 を用いる．$u_x = v_y = 2x$. よって，$v = 2xy + \varphi(x)$. $v_x = 2y + \varphi'(x)$. これを $v_x = -u_y$ に代入すると，$u_y = -2y + 1$ であるので，$\varphi'(x) = -1$. $\quad \therefore \quad \varphi(x) = -x + C$.

よって虚部は
$$v(x, y) = 2xy - x + C$$

問 3.12 $w = 1/z \ (z \neq 0)$ は正則関数で p.56 の定理 3.5 により，z 平面上で直交する 2 直線の像の交点における 2 つの接線は直交する．次にこのことを図で確かめてみる．

$x = C_1, y = C_2$ の写像は p.35 の (2.2) により
$$\frac{u}{u^2 + v^2} = C_1, \quad -\frac{v}{u^2 + v^2} = C_2$$
であり，これを書き直して
$$\left(u - \frac{1}{2C_1}\right)^2 + v^2 = \frac{1}{4C_1{}^2}, \quad u^2 + \left(v + \frac{1}{2C_2}\right)^2 = \frac{1}{4C_2{}^2}.$$
(この 2 つの円が直交するのは，中心間の距離の平方が，半径の平方の和に等しいことからわかる)．

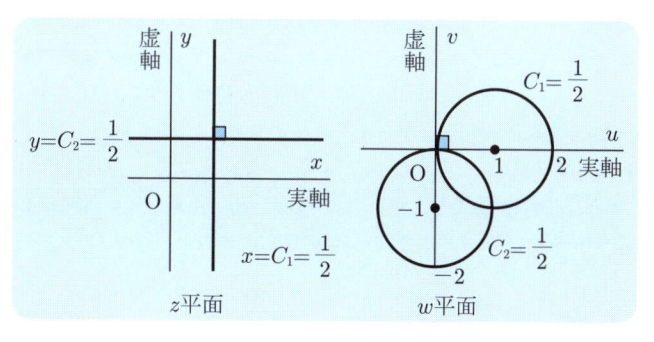

問 3.12, $C_1 = C_2 = 1/2$ の図

演習問題解答（第3章）

演習 3.1 $p = u_y - v_x, q = u_x + v_y$ とおくと，$p_x = u_{yx} - v_{xx}, p_y = u_{yy} - v_{xy}, q_x = u_{xx} + v_{yx}, q_y = u_{xy} + v_{yy}$. 仮定より，$\Delta u = u_{xx} + u_{yy} = 0, \Delta v = v_{xx} + v_{yy} = 0$ である．さらに u, v の2階偏導関数が連続であるので，$u_{xy} = u_{yx}, v_{xy} = v_{yx}$ となる．よって，$p_x = q_y, p_y = -q_x$. これはコーシー・リーマンの微分方程式をみたすので，$f = p + qi$ は正則となる．

演習 3.2 $w = z^2$ で，$w = u + vi, z = x + yi$ とおくと，$u = x^2 - y^2, v = 2xy$. 実軸は $y = 0$ より，$u = x^2, v = 0$. よって右図 (1) の像を描く．

虚軸は $x = 0$ より，$u = -y^2, v = 0$. したがって右図(2)のようになる．

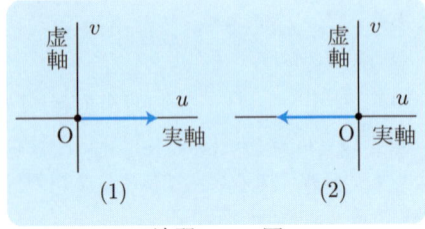

演習 3.2 の図

演習 3.3 p.54 の (3.8) より $f(z) = u + vi$ とすると，$f'(z) = u_x + v_x i = v_y - u_y i = 0$. したがって，

$$u_x = u_y = 0 \quad \cdots \text{①}, \qquad v_x = v_y = 0 \quad \cdots \text{②}$$

となる．①より $u_x = 0$. ∴ $u = \varphi(y)$. $\varphi(y)$ は y だけの関数である．よって $u_y = \varphi'(y) = 0$. ∴ $u = \varphi(y) = C_1$. 全く同様にして，$v = C_2$. ゆえに $f(z) = C_1 + C_2 i$.

演習 3.4 $u = e^x \cos y$ のとき，コーシー・リーマンの微分方程式により，$v_x = -u_y = e^x \sin y$. よって，$v = e^x \sin y + \varphi(y)$. $\varphi(y)$ は y だけの関数である．さらに，$v_y = e^x \cos y + \varphi'(y), u_x = e^x \cos y$. コーシー・リーマンの微分方程式より，$v_y = u_x$. ∴ $\varphi'(y) = 0, \varphi(y) = C$(一定). よって，$f(z) = e^x \cos y + i(e^x \sin y + C)$. 次に $f(0) = 1$ から $iC = 0$ となり，$v = e^x \sin y$.

演習 3.5 p.61 の⑤に $u_x = v_y, u_y = -v_x$ を代入すると，$u_r = -u_y \cos\theta + u_x \sin\theta$ となる．これと③より，$u_x = u_r \cos\theta + v_r \sin\theta$. 全く同様にして，$v_x = v_r \cos\theta - u_r \sin\theta$ となる．よって，p.54 の (3.8) より

$$\begin{aligned} f'(z) &= (u_r \cos\theta + v_r \sin\theta) + i(v_r \cos\theta - u_r \sin\theta) \\ &= (\cos\theta - i\sin\theta)(u_r + iv_r) \end{aligned}$$

第 4 章

複素初等関数

本章の目的　まず複素変数 z に対する指数関数 $w = e^z$ を定義する．ついで，三角関数 $w = \sin z$，$w = \cos z$，対数関数 $w = \log z$ などを定義し，それらの導関数や写像についての性質を調べる．

変数を複素数まで拡張することにより，これらの初等関数がいかに統一的に取り扱えるかをみてみよう．

本章の内容

4.1　指数関数
4.2　三角関数
4.3　対数関数・双曲線関数・
　　　累乗関数・無理関数

第4章 複素初等関数

4.1 指 数 関 数

複素初等関数の中心となる指数関数 $w = e^z$ を次のように定義する．

> **指数関数の定義**　$z = x + yi$ のとき
> $$e^z = e^x(\cos y + i \sin y) \tag{4.1}$$
> と定義する（⇨ ●参考● e^z の定義について）．

特に z が実数のとき，すなわち $y = 0$ のときは，$e^z = e^x$ である．

オイラーの公式　$x = 0$ のときは次のようになる．
$$e^{iy} = \cos y + i \sin y \quad (y \text{ は実数}) \tag{4.2}$$
これをオイラーの公式という．

よって，複素数の極形式 $z = r(\cos\theta + i\sin\theta)$ は
$$z = re^{i\theta} \tag{4.3}$$
のように表すことができる．これを極形式の**指数表示**という．

指数法則
$$e^{z_1} \cdot e^{z_2} = e^{z_1 + z_2} \tag{4.4}$$

［証明］ $z_1 = x_1 + y_1 i,\, z_2 = x_2 + y_2 i$ とする．

$$\begin{aligned}
e^{z_1} \cdot e^{z_2} &= e^{x_1}(\cos y_1 + i \sin y_1) \cdot e^{x_2}(\cos y_2 + i \sin y_2) \\
&= e^{x_1 + x_2}\{\cos(y_1 + y_2) + i \sin(y_1 + y_2)\} \\
&= e^{z_1 + z_2}
\end{aligned}$$
□

● **より理解を深めるために** ●

・**参考**　e^z **の定義について**　実関数として指数関数について学んでいるのは，

(加法定理)　$e^{x_1 + x_2} = e^{x_1} \cdot e^{x_2}$

(展開式)　$e^x = 1 + x + \dfrac{x^2}{2!} + \dfrac{x^3}{3!} + \cdots + \dfrac{x^n}{n!} + \cdots$

などである．いま変数が複素数である場合の e^z を上記 (4.1) で定義したのであるが，数学全体の調和を破らないように，根拠のない定義を設けるよりも，すでに実関数の場合に知っている上記の関係が形式的に保存されるような定義を作るのがよいことはいうまでもない．そこで次のように考えてみることにする．

$$\begin{aligned} e^z &= e^{x+yi} = e^x \cdot e^{yi} \\ &= e^x \left\{ 1 + yi + \frac{(yi)^2}{2!} + \frac{(yi)^3}{3!} + \cdots + \frac{(yi)^n}{n!} + \cdots \right\} \\ &= e^x \left\{ \underbrace{\left(1 - \frac{y^2}{2!} + \frac{y^4}{4!} - \cdots\right)}_{\cos y \text{の展開式}} + i \underbrace{\left(y - \frac{y^3}{3!} + \frac{y^5}{5!} - \cdots\right)}_{\sin y \text{の展開式}} \right\} \\ &= e^x (\cos y + i \sin y) \end{aligned}$$

これはただ機械的に公式を適用したのに過ぎない．しかし (4.1) を定義するときのヒントになったのではなかろうか．

例 4.1 $e^z = 1$ は $z = 2n\pi i$ (n は整数) のときに限り成り立つことを示せ．　□

[解] $e^z = e^x \cos y + i e^x \sin y = 1$ とすると，

$$e^x \cos y = 1 \quad \cdots ①, \qquad e^x \sin y = 0 \quad \cdots ②$$

②より $e^x > 0$, $\sin y = 0$.　∴　$y = m\pi$ (m は整数)．

このとき，$\cos y = \cos m\pi = (-1)^m$ であるから，①より，$m = 2n, e^x = 1$ でなければならない．よって $x = 0, y = 2n\pi$ に限ることがわかる．　■

例 4.2 指数関数 e^z は，いかなる z に対しても 0 にならないことを示せ．　□

[解] $e^{z_1} = 0$ となったとすると，任意の z に対して

$$e^z = e^{z_1} \cdot e^{z-z_1} = 0 \cdot e^{z-z_1} = 0$$

となるので，e^z は常に 0 となり，$e^0 = 1$ に反する．よって，$e^{z_1} = 0$ となるような z_1 は存在しない．　■

例 4.3 z が純虚数であることと，$|e^z| = 1$ であることが同値であることを示せ．　□

[解] $z = yi$ のとき，定義 $e^{yi} = \cos y + i \sin y$. よって，

$$|e^{yi}| = \sqrt{\cos^2 y + \sin^2 y} = 1.$$

次に

$$|e^z| = |e^{x+yi}| = |e^x(\cos y + i \sin y)| = \sqrt{(e^x)^2 (\cos^2 y + \sin^2 y)} = e^x$$

であるので $|e^z| = e^x = 1$.　∴　$x = 0$.　■

(解答は章末の p.79 に掲載されています.)

問 4.1 次の値を求めよ．

(1) $e^{-\pi i} - e^{\pi i/4}$　　　(2) $e^{\pi i/2}$

指数関数の周期性 e^z は $2\pi i$ を周期とする周期関数である (⇨ 図 4.1). つまり

$$e^{z+2n\pi i} = e^z \quad (n\text{ は整数}) \tag{4.5}$$

［証明］
$$\begin{aligned}
e^{z+2n\pi i} &= e^{x+(y+2n\pi)i} \\
&= e^x\{\cos(y+2n\pi) + i\sin(y+2n\pi)\} \\
&= e^x(\cos y + i\sin y) = e^{x+yi} = e^z \quad \blacksquare
\end{aligned}$$

指数関数の正則性 e^z は全平面で正則であり,

$$(e^z)' = e^z \tag{4.6}$$

［証明］ $w = e^z$ で $z = x + yi$, $w = u + vi$ とすると,

$$u = e^x \cos y, \quad v = e^x \sin y \tag{4.7}$$

である. これらは全微分可能であり, さらに次のようにコーシー・リーマンの微分方程式が成り立つ. すなわち,

$$\frac{\partial u}{\partial x} = \frac{\partial v}{\partial y} = e^x \cos y, \quad \frac{\partial v}{\partial x} = -\frac{\partial u}{\partial y} = e^x \sin y$$

よって, p.52 の定理 3.4 から e^z は正則である. 次に p.54 の (3.8) より,

$$(e^z)' = u_x + iv_x = e^x \cos y + ie^x \sin y = e^z. \quad \blacksquare$$

w＝e^z による写像 $w = e^z$ による, z 平面上の $x = a$, $y = b$ の w 平面への写像は次のようになる.

$x = a$ の場合 (4.7) において $x = a$ とおいて y を消去すると, $u^2 + v^2 = (e^a)^2$. ゆえに, 写像は原点を中心として, 半径 e^a の円である. 特に $a = 0$, すなわち, 虚軸は単位円に移される (⇨ 図 4.2).

$y = b$ の場合 (4.7) において, $y = b$ とおいて, x を消去すると,

$$\frac{v}{u} = \tan b \quad (e^x > 0).$$

すなわち, 原点を通る半直線に移される. 特に, $b = 0$ すなわち, 実軸は w 平面の実軸の正の部分に写像される (⇨ 図 4.2).

また, 集合 $\{z = x + yi; -\infty < x < \infty, -\pi < y \leqq \pi\}$ は集合 $\{w; w \neq 0\}$ に 1 対 1 に写像される.

4.1 指 数 関 数

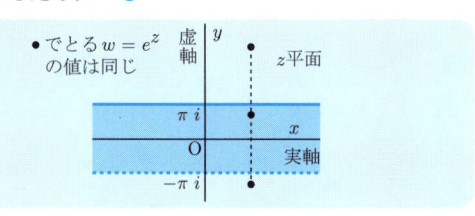

● **より理解を深めるために** ●

図 4.1 周期性の図

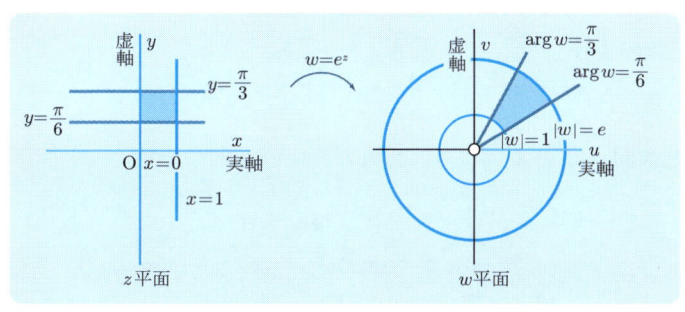

図 4.2 $w = e^z$ による写像

オイラーの公式	$e^{iy} = \cos y + i \sin y$
極形式の指数表示	$z = re^{i\theta}$ (r は z の絶対値, θ は z の偏角)
指数法則	$e^{z_1 + z_2} = e^{z_1} \cdot e^{z_2}$
正則性	$(e^z)' = e^z$

例 4.4 次の方程式を解け.
$$e^z = 1 + i$$

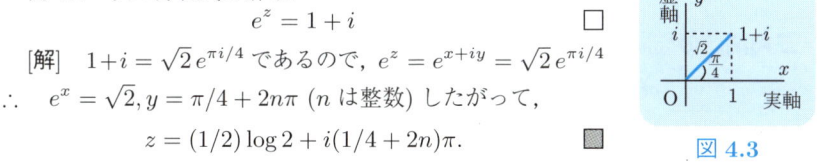

[解] $1 + i = \sqrt{2}\, e^{\pi i/4}$ であるので, $e^z = e^{x+iy} = \sqrt{2}\, e^{\pi i/4}$
∴ $e^x = \sqrt{2},\, y = \pi/4 + 2n\pi$ (n は整数) したがって,
$$z = (1/2) \log 2 + i(1/4 + 2n)\pi.$$

図 4.3

問 4.2 次のような z を求めよ.
(1) $e^z = -1$ (2) $e^z = 2i$ (3) $e^{3z} + e^z i = 0$

問 4.3 $z = re^{i\theta}$ のとき, $|e^{iz}| = e^{-r \sin \theta}$ を示せ.

4.2 三角関数

三角関数の定義 p.66 の (4.1) より，x が実数のとき，$e^{xi} = \cos x + i\sin x$ である．x を $-x$ に変えれば，$e^{-xi} = \cos x - \sin x$ となる．この 2 つの式から次の関係式が得られる．

$$\cos x = \frac{e^{xi} + e^{-xi}}{2}, \quad \sin x = \frac{e^{xi} - e^{-xi}}{2i}$$

この式の形を採用して次のように三角関数を定義する．

三角関数の定義
$$\cos z = \frac{e^{zi} + e^{-zi}}{2}, \quad \sin z = \frac{e^{zi} - e^{-zi}}{2i} \tag{4.8}$$

実部と虚部 (4.8) を書き直してみると次のようになる．

$$\begin{aligned}\cos z &= \{e^{(x+yi)i} + e^{-(x+yi)i}\}/2 = \{e^{-y+xi} + e^{y-xi}\}/2 \\ &= \{e^{-y}(\cos x + i\sin x) + e^{y}(\cos x - i\sin x)\}/2 \\ &= \frac{e^{y} + e^{-y}}{2}\cos x - i\frac{e^{y} - e^{-y}}{2}\sin x \end{aligned} \tag{4.9}$$

同様の計算によって

$$\sin z = \sin(x + yi) = \frac{e^{y} + e^{-y}}{2}\sin x + i\frac{e^{y} - e^{-y}}{2}\cos x \tag{4.10}$$

加法定理 (4.8) を用いて，実数のときと同じように成り立つ (⇨ 問 4.4)．

$$\begin{aligned}\cos(z_1 + z_2) &= \cos z_1 \cos z_2 - \sin z_1 \sin z_2 \\ \sin(z_1 + z_2) &= \sin z_1 \cos z_2 + \cos z_1 \sin z_2\end{aligned} \tag{4.11}$$

三角関数の周期性 e^z が $2\pi i$ を周期にもつので，次のことが示される．

$$\cos(z + 2n\pi) = \cos z, \quad \sin(z + 2n\pi) = \sin z$$

三角関数の正則性 e^{iz}, e^{-iz} は全平面で正則であるから，(4.8) により，$\cos z, \sin z$ は全平面で正則である．また，$\cos z, \sin z$ の導関数は，次のようになる (⇨ 問 4.5)．

$$(\cos z)' = -\sin z, \quad (\sin z)' = \cos z \tag{4.12}$$

4.2 三角関数

● **より理解を深めるために** ●

(4.8) の定義をもとにして，次のように定義する．
$$\tan z = \sin z/\cos z, \quad \cot z = \cos z/\sin z$$

例 4.5 $w = \cos z$ により，z 平面上の直線 $x = c$ および $y = d$ は w 平面上のどんな図形に写像されるか示せ．

[解] $z = x + yi, w = u + vi$ とおくと，p.70 の (4.9) により，

$$u = \frac{e^y + e^{-y}}{2} \cos x \quad \cdots ①$$

$$v = \frac{-e^y + e^{-y}}{2} \sin x \quad \cdots ②$$

①，②で $x = c$ とおき，y を消去すると，
$$u^2/\cos^2 c - v^2/\sin^2 c = 1 \quad (双曲線)$$
①，②で $y = d$ とおき，x を消去すると，
$$\frac{4u^2}{(e^d + e^{-d})^2} + \frac{4v^2}{(e^d - e^{-d})^2} = 1 \quad (楕円)$$

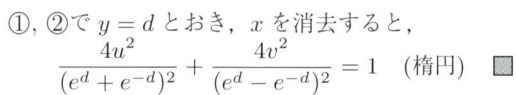

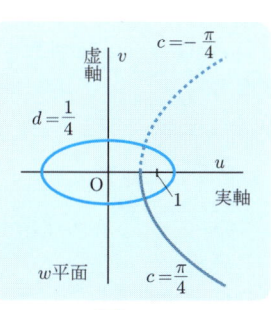

図 4.4

例 4.6 $\cos z = 2$ となる z を求めよ．

[解] (4.8) の $\cos z = (e^{zi} + e^{-zi})/2 = 2$ より，
$$e^{zi} - 4 + e^{-zi} = 0$$
$\zeta = e^{zi}$ とおくと，$\zeta^2 - 4\zeta + 1 = 0$. これを解いて $\zeta = 2 \pm \sqrt{3}$.
$$\therefore \quad e^{zi} = e^{-y+xi} = e^{-y}(\cos x + i \sin x) = 2 \pm \sqrt{3}.$$
したがって，$\sin x = 0 \quad \cdots ③, \quad e^{-y} \cos x = 2 \pm \sqrt{3} > 0 \quad \cdots ④$
③より $x = 2n\pi$. よって，$\cos x = 1$ となり，④より $e^{-y} = 2 \pm \sqrt{3}$
$$\therefore \quad y = -\log(2 \pm \sqrt{3}) \quad \therefore \quad z = 2n\pi - i\log(2 \pm \sqrt{3}).$$

注意 4.1 実変数のときは $|\cos x| \leqq 1$ であったが，複素変数のときも，$|\cos z| \leqq 1$ と早合点してはいけない．

問 4.4 加法定理 (4.11) を確かめよ．また次の結果を示せ．
(1) $\cos^2 z + \sin^2 z = 1$ (2) $\cos(-z) = \cos z$ (3) $\sin(-z) = -\sin z$

問 4.5 $(\cos z)' = -\sin z, (\sin z)' = \cos z$ を示せ．

問 4.6 次の値を求めよ． (1) $\cos i$ (2) $\sin\left(\frac{\pi}{2} + 3i\right)$

4.3 対数関数，双曲線関数，累乗関数，無理関数

対数関数の定義 $z(\neq 0)$ に対し，$z = e^w$ をみたす w を
$$w = \log z$$
と書き，対数関数という．

$z = re^{i\theta}, w = u+iv$ とおくと，$z = e^w$ より，$re^{i\theta} = e^{u+vi} = e^u \cdot e^{vi}$
$$\therefore \quad r = e^u, \; e^{vi} = e^{i\theta} = e^{i(\theta + 2n\pi)}.$$
これより， $\quad r = e^u, \quad v = \theta + 2n\pi \quad$ (n は整数)．
すなわち， $\quad u = \log r, \quad v = \theta + 2n\pi \quad$ (n は整数)
が得られる．ただし $\log r$ は実数の場合の対数を表している．以上をまとめて，

> **対数関数の定義** $z = r(\cos\theta + i\sin\theta) \; (r > 0)$ のとき
> $$w = \log z = \log r + i(\theta + 2n\pi) \quad (n \text{ は整数}) \qquad (4.13)$$

ここで注意することは，実変数の対数関数は 1 価関数だが，複素変数の対数関数 $\log z$ は $2\pi i$ を周期とする**無限多価関数**となることである (⇨ 図 4.5)．

対数関数の主値 対数関数を一意に定める方法は，z の偏角 $\arg z$ を
$$-\pi < \mathrm{Arg}\, z \leqq \pi$$
と取ることにすればよい．このとき w を対数関数の**主値**といい，$\mathrm{Log}\, z$ と書くこともある．すなわち
$$\mathrm{Log}\, z = \log |z| + i\mathrm{Arg}\, z.$$

対数関数の分枝 上記 (4.13) において，n の値を 1 つ決めると，z に対して，w の値が 1 つ決まる．このように n を 1 つ決めて考えることを，対数関数の 1 つの**分枝**を考えるという．

> **対数関数の正則性** $\quad (\log z)' = 1/z \quad (z \neq 0) \qquad (4.14)$

[証明] $w = \log z$ とし，$\log(z+h) - \log z = h'$ とすると $h \to 0$ のとき，$h' \to 0$．しかも $h = e^{w+h'} - e^w$ である．よって，
$$\lim_{h\to 0} \frac{\log(z+h) - \log z}{h} = \lim_{h'\to 0} \frac{h'}{e^{w+h'} - e^w} = \frac{1}{(e^w)'} = \frac{1}{e^w} = \frac{1}{z} \qquad \square$$

4.3 対数関数，双曲線関数，累乗関数，無理関数

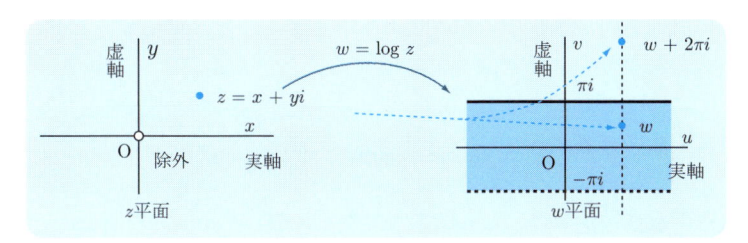

● **より理解を深めるために** ●

図 4.5 対数関数と主値

例 4.7 $\log(1+i)$ と $\text{Log}(1+i)$ の値を求めよ．

[解] $z = 1+i$ は $r = \sqrt{2}$, $\theta = \pi/4$. ゆえに

$$\log(1+i) = \log\sqrt{2} + i(\pi/4 + 2n\pi)$$
$$= (\log 2)/2 + (1/4 + 2n)\pi i$$

$\text{Log}(1+i) = (\log 2)/2 + \pi i/4$

図 4.6

例 4.8 次の等式を確かめよ．ただし，これらは $2\pi i$ の整数倍を除いた等式である．
$$\log z_1 z_2 = \log z_1 + \log z_2$$

[解] $\log z_1 = w_1$, $\log z_2 = w_2$ とすると，$z_1 = e^{w_1}$, $z_2 = e^{w_2}$ となる．よって，$z_1 z_2 = e^{w_1} e^{w_2} = e^{w_1 + w_2}$ となり対数の定義から結果を得る．

例 4.9 $w = \log z = \log r + i\theta$ $(-\pi < \theta \leqq \pi)$ において，z 平面上の原点を中心とする半径 r の円は w 平面上のどんな図形に写像されるか．

[解] z 平面上の原点を中心とする円周では，r が一定なので，$w = \log z$ ではその実部が一定値である．よって，右図のように，点 P が円周上を P′ まで動くとき，w 平面では Q が Q′ まで動く．

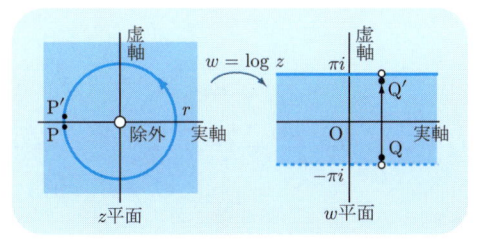

図 4.7 対数関数による写像

問 4.7 次の値を求めよ．

(1) $\log i$ (2) $\log(-1+\sqrt{3}i)$ (3) $\text{Log}(\sqrt{3}+i)$ (4) $\text{Log}(\sin i)$

第4章 複素初等関数

双曲線関数 応用数学でよく使われる双曲線関数も複素変数まで拡張されると，指数関数の理論の中に組み込まれる．すなわち，双曲線関数を，実変数の場合の類推から，次のように定義する．

双曲線関数の定義 $\cosh z = \dfrac{1}{2}(e^z + e^{-z}), \sinh z = \dfrac{1}{2}(e^z - e^{-z})$ (4.15)

これらの双曲線関数は，ともにすべての z に関して正則で周期 $2\pi i$ をもち，さらに，双曲線関数と三角関数は $z \to iz$ という変換で互いに入れかわる．

$$\cosh iz = \cos z, \quad \cos iz = \cosh z$$
$$\sinh iz = i\sin z, \quad \sin iz = i\sinh z$$

累乗関数 a を正の実数，b も実数とするとき，$a^b = e^{b\log a}$ についてはすでに学んでいる．ここでは z, c (c は固定する) が複素数のとき，累乗関数 z^c を次のように定義し，z の c 乗という．$\log z$ の多価性により，z^c は多価である．

累乗関数の定義 $z^c = e^{c\log z} = e^{c\text{Log} z} \cdot e^{2cn\pi i} \quad (z \neq 0)$ (4.16)

無理関数 $w = \sqrt{z}$ は $w^2 = z$ となる w のことである．与えられた z に対する w のことは，第 1 章 (p.16) で考えたことであるが，ここでは複素指数関数を利用して再度考えてみる．w を極形式で表して，

$$z = re^{i\theta} \quad (r > 0, \ -\pi < \theta \leqq \pi),$$
$$w = Re^{i\Theta} \quad (R > 0, \ -\pi < \Theta \leqq \pi)$$

とすると，$R^2 e^{2i\Theta} = re^{i\theta}$．よって，$R^2 = r, 2\Theta = \theta + 2n\pi \ (n = 0, 1)$，

$$\therefore \quad R = \sqrt{r}, \quad \Theta = \theta/2 + n\pi \quad (n = 0, 1)$$

ゆえに $w^2 = z$ となる w は $w_1 = \sqrt{r} e^{i\theta/2}, w_2 = \sqrt{r} e^{i(\theta/2 + \pi)} = -w_1$ の 2 つである．$w = \sqrt{z}$ というときは，普通 w_1 をさし，**主値**という．

無理関数 $w = \sqrt{z} = \sqrt{r} e^{i\theta/2}, \quad z = re^{i\theta} \quad (-\pi < \theta \leqq \pi)$ (4.17)

4.3 対数関数，双曲線関数，累乗関数，無理関数

● **より理解を深めるために** ●

例 4.10 次の各累乗の値を求めよ．
(1) $(-1)^i$ (2) i^i

[解] (1) $\log(-1) = \log 1 + i(\pi + 2n\pi) = (2n+1)\pi i$
$(-1)^i = e^{i\log(-1)} = e^{-(2n+1)\pi}$
(2) $\log i = \log 1 + (\pi/2 + 2n\pi)i = (1/2 + 2n)\pi i$
$i^i = e^{i\log i} = e^{i(1/2+2n)\pi i} = e^{-(1/2+2n)\pi}$

注意 4.2 指数関数 e^z は e（すなわち $2.718\cdots$）の z 乗とは違うのである．なぜならば，e という数の対数は，

$$\log e = \log(2.718\cdots) + 2n\pi i = 1 + 2n\pi i$$

である．ゆえに

$$(e の z 乗) = e^{z(1+2n\pi i)} = e^z \cdot e^{2nz\pi i}$$

となる．この右辺にある e^z は指数関数である．ゆえに $e^{2nz\pi i} = 1$ でない限り，e の z 乗と e^z は一致しないのである．

例 4.11 方程式 $\cosh z = i$ を解け．
[解] $(e^z + e^{-z})/2 = i$ より
$$(e^z)^2 - 2i(e^z) + 1 = 0$$
の解を求める．2次方程式の解の公式より
$$e^z = (1 \pm \sqrt{2})i = (1+\sqrt{2})e^{\pi i/2}, (\sqrt{2}-1)e^{3\pi i/2}$$
となる．ゆえに，

$$z = \log(\sqrt{2}+1) + \frac{\pi i}{2} + 2n\pi i, \quad z = \log(\sqrt{2}-1) + \frac{3\pi}{2}i + 2n\pi i$$

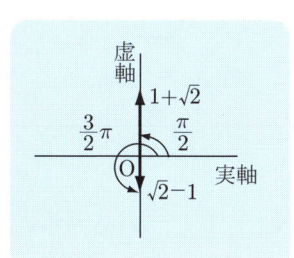

図 4.8

問 4.8 2^{1+i} の値を求めよ．

問 4.9 次の値を求めよ．ここで $\sqrt{}$ は主値を表すものとする．
(1) $\sqrt{i}$ (2) $\sqrt{1+\sqrt{3}i}$

問 4.10 $\sinh z = 1$ となる z を求めよ．

演 習 問 題

> **例題 4.1** ──────────────────────── 三角関数 ─
> 次の不等式を証明せよ．
> (1) $\dfrac{|e^{-y} - e^y|}{2} \leqq |\sin(x+yi)| \leqq \dfrac{e^{-y} + e^y}{2}$
> (2) $\tan z = i$ となるような z は存在しないことを示せ．

[解] (1) p.9 の問 1.6 の次の三角不等式を用いる．
$$|z_1| - |z_2| \leqq |z_1 + z_2| \leqq |z_1| + |z_2|$$
$\sin z = \dfrac{e^{zi} - e^{-zi}}{2i}$ に三角不等式を用いると，
$$\frac{|e^{zi}| - |e^{-zi}|}{2} \leqq |\sin z| \leqq \frac{|e^{zi}| + |e^{zi}|}{2}$$
ところで，$z = x + yi$ のとき，$zi = xi - y$ だから
$$|e^{zi}| = e^{-y}, \quad |e^{-zi}| = e^y$$
$$\therefore \quad \frac{|e^{-y} - e^y|}{2} \leqq |\sin(x+iy)| \leqq \frac{e^{-y} + e^y}{2}$$

(2) もし，$\tan z = \dfrac{\sin z}{\cos z} = \dfrac{e^{zi} - e^{-zi}}{i(e^{zi} + e^{-zi})} = i$ ならば，
$$e^{zi} - e^{-zi} = i^2(e^{zi} + e^{-zi})$$
$$= -(e^{zi} + e^{-zi})$$
$$\therefore \quad e^{zi} = 0$$
ところで，指数関数は決して 0 に等しくならないから，これは不可能．

(解答は章末の p.79 に掲載されています．)

演習 4.1 不等式 $\dfrac{|e^{-y} - e^y|}{e^{-y} + e^y} \leqq |\tan z| \leqq \dfrac{e^{-y} + e^y}{|e^{-y} - e^y|}$ $(z = x + yi)$ を示せ．

演習問題

例題 4.2 ─────────────── $w = \sin z$ の写像 ─

点 z が z 平面上の原点を出発して右図の長方形の辺上を矢印の方向に動くとき，
$$w = \sin z$$
は w 平面上のどのような図形上を動くか．

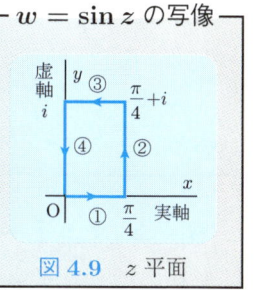

図 4.9 z 平面

[解] p.70 の (4.10) により，$w = \sin z$ の実部，虚部は次のようになる．

$$u = \frac{e^y + e^{-y}}{2} \sin x, \quad v = \frac{e^y - e^{-y}}{2} \cos x$$

① $0 \leqq x \leqq \pi/4, y = 0$ のとき，
$$0 \leqq u \leqq 1/\sqrt{2}, \quad v = 0$$

② $x = \pi/4, 0 \leqq y \leqq 1$ のとき，

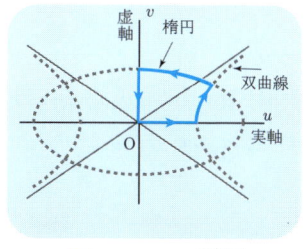

図 4.10 w 平面

$x = \pi/4$ であるので，$u = \dfrac{e^y + e^{-y}}{2\sqrt{2}}, v = \dfrac{e^y - e^{-y}}{2\sqrt{2}}$ である．よって
$$u^2 - v^2 = (1/\sqrt{2})^2 \quad (双曲線)$$

さらに，$0 \leqq y \leqq 1$ より，$1/\sqrt{2} \leqq u \leqq \cosh 1/\sqrt{2}, 0 \leqq v \leqq \sinh 1/\sqrt{2}$.

③ $\pi/4 \geqq x \geqq 0, y = 1$ のとき，$y = 1$ であるので，$u = \cosh 1 \cdot \sin x$, $v = \sinh 1 \cdot \cos x$ より，

$$\frac{u^2}{(\cosh 1)^2} + \frac{v^2}{(\sinh 1)^2} = 1 \quad (楕円)$$

さらに，$\pi/4 \geqq x \geqq 0$ より，$0 \leqq u \leqq \cosh 1/\sqrt{2}, \sinh 1/\sqrt{2} \leqq v \leqq \sinh 1$.

④ $x = 0, 1 \geqq y \geqq 0$ のとき，$u = 0, \sinh 1 \geqq v \geqq 0$.

以上から，点 w は w 平面上を，原点を出発して，上図の矢印のように動く．

演習 4.2 $w = z + e^z$ によって，z 平面の直線 $y = \pi/2$ は w 平面のどのような曲線に写像されるか図示せよ．

例題 4.3 ──────────── 無理関数による写像

$w = \sqrt{\dfrac{z-1}{z+1}}$ によって単位円の外部 $|z| > 1$ は，w 平面のどのような領域に写像されるかを示せ．ただし $\sqrt{}$ は主値をとるものとする．

[解] まず $\zeta = \dfrac{z-1}{z+1}$ を変形すると $z = -\dfrac{\zeta+1}{\zeta-1}$ となる．$|z| > 1$ のとき，$|\zeta + 1| > |\zeta - 1|$ となるので

$$(\zeta + 1)(\bar\zeta + 1) > (\zeta - 1)(\bar\zeta - 1)$$

となり，$2(\zeta + \bar\zeta) > 0$．よって $\zeta + \bar\zeta = 2\,\mathrm{Re}\,\zeta > 0$ となる．また，$|z| = 1$ では $\mathrm{Re}\,\zeta = 0$ となる．以上のことから，$|z| > 1$ は右半平面 $\mathrm{Re}\,\zeta > 0$ へ移される．よって

$$\zeta = re^{i\theta} \quad \left(r > 0,\ -\frac{\pi}{2} < \theta < \frac{\pi}{2}\right)$$

となるから，

$$w = \sqrt{\zeta} = \sqrt{r}\, e^{i\frac{\theta}{2}} \quad \left(r > 0,\ -\frac{\pi}{4} < \frac{\theta}{2} < \frac{\pi}{4}\right)$$

となる．

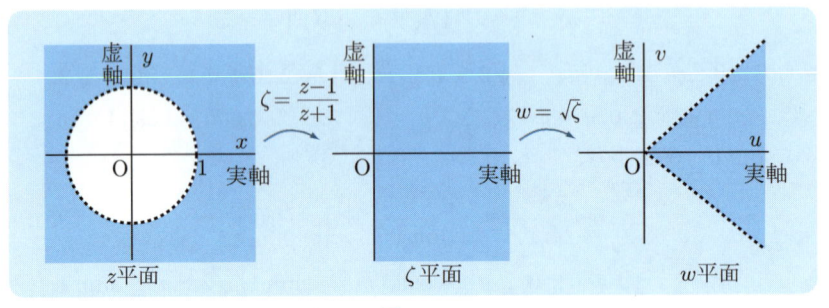

図 4.11

演習 4.3 $w = \dfrac{e^z + 1}{e^z - 1}$ は，z 平面の直線 $y = \pi$ を w 平面のどんな曲線に写像するか図示せよ．

演習 4.4 $w = \mathrm{Log}\,\dfrac{z-1}{z+1}$ によって，上半平面 $\mathrm{Im}\,z > 0$ は w 平面のどのような領域に写像されるか．

問の解答（第 4 章）

問 4.1 (1) $-\left(1+\dfrac{1}{\sqrt{2}}\right)-\dfrac{i}{\sqrt{2}}$ (2) i

問 4.2 (1) $(2n+1)\pi i$ (2) $\log 2 + \left(\dfrac{1}{2}+2n\right)\pi i$

(3) p.67 の例 4.2 で $e^z \neq 0$. $e^z(e^{2z}+i)=0$ $\therefore$ $e^{2z}=-i$. これを解いて,
$$z = \left(-\dfrac{\pi}{4}+n\pi\right)i.$$

問 4.3 $z=r(\cos\theta+i\sin\theta)$ より $zi=-r\sin\theta+ir\cos\theta$.
$$\therefore\quad |e^{iz}|=|e^{-r\sin\theta}\cdot e^{ir\cos\theta}|=e^{-r\sin\theta}$$

問 4.4 加法定理の証明，および (1),(2),(3) はすべて $\cos z = \dfrac{1}{2}(e^{zi}+e^{-zi})$,
$\sin z = \dfrac{1}{2i}(e^{zi}-e^{-zi})$ を用いよ．

問 4.5 定義と指数関数の導関数から得られる．

問 4.6 (1) $\dfrac{1}{2}(e+e^{-1})$ (2) $\dfrac{1}{2}(e^3+e^{-3})$

問 4.7 (1) $\left(2n+\dfrac{1}{2}\right)\pi i$ (2) $\log 2 + \left(2n+\dfrac{2}{3}\right)\pi i$

(3) $\log 2 + \dfrac{\pi}{6}i$ (4) $\log\dfrac{e-e^{-1}}{2}+\dfrac{\pi}{2}i$

問 4.8 $e^{\log 2 - 2n\pi}\{\cos(\log 2)+i\sin(\log 2)\}$

問 4.9 (1) $e^{\pi i/4}$ (2) $\sqrt{2}\,e^{\pi i/6}$

問 4.10 $\log(1+\sqrt{2})+2n\pi i$, $\log(\sqrt{2}-1)+(1+2n)\pi i$

演習問題解答（第 4 章）

演習 4.1 $\tan z = \dfrac{\sin z}{\cos z} = \dfrac{e^{zi}-e^{-zi}}{i(e^{zi}+e^{-zi})}$ だから p.9 の三角不等式より，

$$|\tan z| \leq \dfrac{|e^{zi}|+|e^{-zi}|}{||e^{zi}|-|e^{-zi}||} \quad\cdots\text{①}$$

$$|\tan z| \geq \dfrac{|e^{zi}|-|e^{-zi}|}{|e^{zi}|+|e^{-zi}|} \quad\cdots\text{②}$$

$|e^{zi}|=|e^{-y+xi}|=e^{-y}|e^{ix}|=e^{-y}$, 同様にして, $|e^{-zi}|=e^y$. これらを①，②に代入すれば，求める不等式となる．

演習 4.2 $z = x + \dfrac{\pi}{2}i$ のとき，$e^z = ie^x$ となる．$w = z + e^z$ より
$$u = x, \quad v = e^x + \dfrac{\pi}{2}.$$
これより，
$$v = e^u + \dfrac{\pi}{2}$$
となり，右図のような曲線となる．

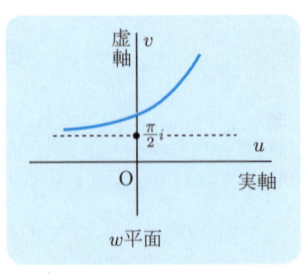

演習 4.2 の図

演習 4.3 $z = x + \pi i$ のとき，
$$e^z = e^{x+\pi i} = -e^x < 0$$
となる．

$w = \dfrac{e^z + 1}{e^z - 1}$ より w は実数値をとり，$e^z = \dfrac{1+w}{w-1} < 0$ から $-1 < w < 1$ となる．これを図示すると右図のようになる．

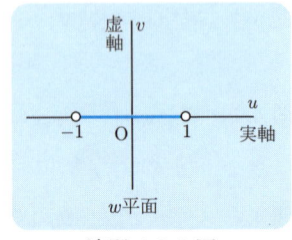

演習 4.3 の図

演習 4.4 $\zeta = (z-1)/(z+1)$ によって，z 平面上の上半平面 $\{\mathrm{Im}\, z > 0\}$ は ζ 平面の上半平面 $\{\mathrm{Im}\, \zeta > 0\}$ に写像される（p.40 の演習 2.3 を参照）．次に $w = \mathrm{Log}\, \zeta$ により，$\{\mathrm{Im}\, \zeta > 0\}$ は w 平面の帯状領域 $\{w; 0 < \mathrm{Im}\, w < \pi\}$ に写像される．

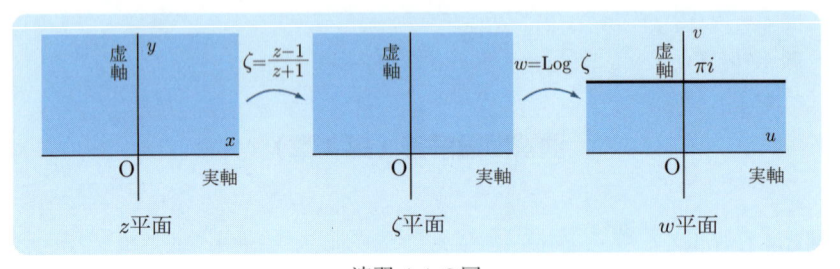

演習 4.4 の図

第 5 章

複素積分とコーシーの定理

本章の目的　正則関数の著しい特徴を導くには複素積分がいるが，複素積分は平面上の曲線に沿っての線積分に帰着する．そこでまず線積分とグリーンの定理を導く．

ついで，複素関数論の基本定理である「閉曲線 C の周および内部において $f(z)$ が正則なとき，閉曲線に沿った積分の値は 0 である」というコーシーの定理を導く．さらに，留数の定理と，実関数の定積分への応用を取り上げる．

本章の内容

5.1　複素積分
5.2　複素積分の性質
5.3　線積分とグリーンの定理
5.4　コーシーの定理
5.5　コーシーの定理の拡張
5.6　留数
5.7　実関数の定積分への応用

5.1 複素積分

曲線　いま xy 平面上で変数 x, y が実変数 t の関数として，
$$x = x(t), \quad y = y(t)$$
と与えられているとき，t が a から b に変わるにつれて，点 (x, y) が xy 平面上で 1 つの図形 C を作るとき，この図形を**曲線**という．ここで a, b の大小は問わない (⇨ 図 5.1)．

次に複素平面上の曲線は向きをもっており，次のように表す．
$$z(t) = x(t) + iy(t) \quad (t : a \to b) \tag{5.1}$$

ここで $\alpha = z(a)$ を始点といい，$\beta = z(b)$ を終点という (⇨ 図 5.2)．また，$z(a) = z(b)$ のとき**閉曲線**という (⇨ 図 5.3)．

特に，$x'(t), y'(t)$ が有限個の点を除いて連続で，$z'(t) = x'(t) + iy'(t) \neq 0$ のとき，上記の曲線 (5.1) を**区分的に滑らかな曲線**という．以後，特に断らない限り，曲線というときは区分的に滑らかな曲線を意味するものとする (⇨ 図 5.4)．

複素積分の定義　まず，実変数 t の連続関数 $F(t) = U(t) + iV(t)$ に対して，その積分を $\displaystyle\int_a^b F(t)\,dt = \int_a^b U(t)\,dt + i\int_a^b V(t)\,dt$ と定める．

いま，$f(z)$ は領域 D で連続な関数とし，D 内に上記 (5.1) のような曲線をとる．$f(z)$ がこの曲線 C (区分的に滑らかな曲線) 上でとる値は，
$$f(z(t)) = u(x(t), y(t)) + iv(x(t), y(t))$$
で表される t の連続関数であり，$z'(t) = x'(t) + iy'(t)$ は有限個の点を除いて連続で $z'(t) \neq 0$ ある．このとき，関数 $f(z)$ の曲線 C に沿っての (複素) 積分を次のように定義する．この曲線 C を**積分路**という．

> **(複素) 積分の定義**　$\displaystyle\int_C f(z)\,dz = \int_a^b f(z(t)) z'(t)\,dt \tag{5.2}$

複素数平面においては，z の値 α, β に対して 2 点 α, β を結ぶ結び方がいろいろある (⇨ 図 5.5)．そこで複素積分は α, β を結ぶ曲線 C を指定した上で定まる．

5.1 複素積分

● **より理解を深めるために** ●

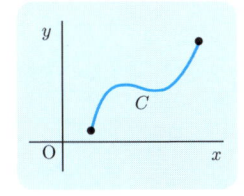

図 5.1　曲線

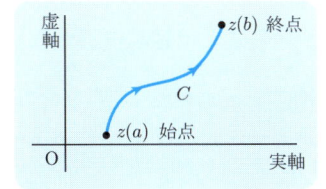

図 5.2　向きをもつ曲線

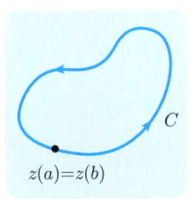

図 5.3　閉曲線

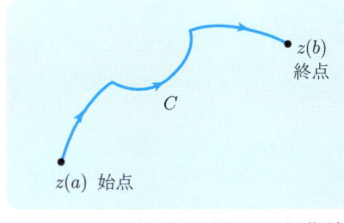

図 5.4　区分的に滑らかな曲線

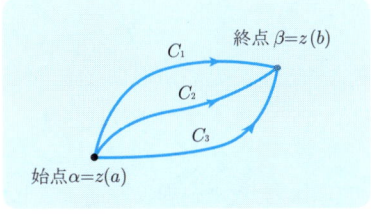

図 5.5　積分路は 1 通りではない

例 5.1 次の各曲線に沿って，$f(z)$ の積分を計算せよ

(1)　$f(z) = z + 1$
　　　$C_1 : z(t) = t + t^2 i \quad (t : 0 \to 1)$

(2)　$f(z) = \operatorname{Re} z$
　　　$C_2 : z(t) = t + ti \quad (t : 0 \to 1)$

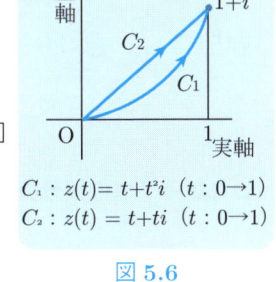

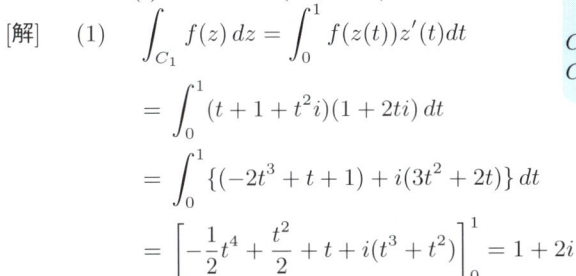

図 5.6

$C_1 : z(t) = t + t^2 i \quad (t : 0 \to 1)$
$C_2 : z(t) = t + ti \quad (t : 0 \to 1)$

[解]　(1)　$\displaystyle\int_{C_1} f(z)\,dz = \int_0^1 f(z(t)) z'(t)\,dt$

$\displaystyle = \int_0^1 (t + 1 + t^2 i)(1 + 2ti)\,dt$

$\displaystyle = \int_0^1 \{(-2t^3 + t + 1) + i(3t^2 + 2t)\}\,dt$

$\displaystyle = \left[-\frac{1}{2}t^4 + \frac{t^2}{2} + t + i(t^3 + t^2)\right]_0^1 = 1 + 2i$

(2)　$\displaystyle\int_{C_2} x\,dz = \int_0^1 t(1+i)\,dt = \left[\frac{t^2}{2}(1+i)\right]_0^1 = \frac{1+i}{2}$

(解答は章末の P.110 に掲載されています.)

問 5.1　$f(z) = \bar{z}$ を上記の図 5.6 のような積分路 C_1, C_2 に沿って積分せよ．

5.2 複素積分の性質

複素積分の定義から，次のことは容易に導かれる．

定理 5.1 (i) $\displaystyle\int_C \{f(z)+g(z)\}\,dz = \int_C f(z)\,dz + \int_C g(z)\,dz$ (5.3)

(ii) $\displaystyle\int_C kf(z)\,dz = k\int_C f(z)\,dz$ （k は定数） (5.4)

次に，曲線
$$C: z = z(t) \quad (t: a \to b)$$
を考えるとき，始点が $\beta = z(b)$ で終点が $\alpha = z(a)$ となるように曲線 C を逆にたどる曲線を次のように表す．
$$-C: z = z(t) \quad (t: b \to a) \quad (\Rightarrow 図 5.7)$$
これを用いた次の定理は今後しばしば用いられる．

定理 5.2 $\displaystyle\int_{-C} f(z)\,dz = -\int_C f(z)\,dz$ (5.5)

[証明] $\displaystyle\int_{-C} f(z)\,dz = \int_b^a f(z(t))z'(t)\,dt$
$\displaystyle\qquad = -\int_a^b f(z(t))z'(t)\,dt = -\int_C f(z)\,dz$ □

つながる 2 つの積分路の場合 2 つの曲線
$$C_1: z = z_1(t)\ (t: a \to b), \quad C_2: z = z_2(t)\ (t: b \to c)$$
に対し，$z_1(b) = z_2(b)$ のとき，
$$z(t) = \begin{cases} z_1(t) & (a \to b) \\ z_2(t) & (b \to c) \end{cases}$$
とおくと，C_1 と C_2 をつないだ曲線 $C: z = z(t)\ (t: a \to c)$ が得られる．この曲線 C を C_1 と C_2 の和といい，$C = C_1 + C_2$ で表す（$\Rightarrow$ 図 5.8）．このとき次の定理が得られる．

定理 5.3 $\displaystyle\int_C f(z)\,dz = \int_{C_1} f(z)\,dz + \int_{C_2} f(z)\,dz \quad (C = C_1 + C_2)$ (5.6)

5.2 複素積分の性質

● **より理解を深めるために** ●

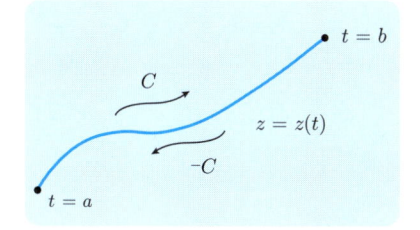

図 5.7

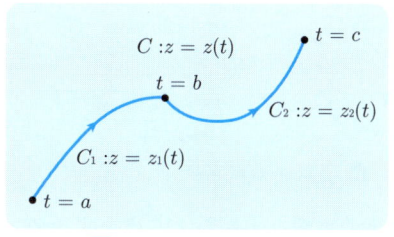

図 5.8 $C = C_1 + C_2$

例 5.2 次の曲線はどんな曲線か.
(1) $z(t) = \cos t + i \sin t \quad (t : 0 \to 2\pi)$
(2) $z(t) = (t-1) + it \quad (t : 1 \to 2)$

[解] (1) $x = \cos t, y = \sin t$ とおいて，t を消去すると，$x^2 + y^2 = 1$ となり右図 (1) のような原点を中心とした半径 1 の円である．
(2) $x = t-1, y = t$ より t を消去すると，$y = x+1$ となり右図 (2) のような直線となる．

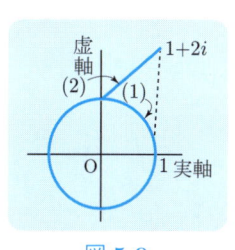

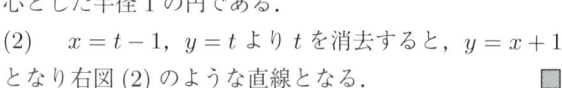

図 5.9

例 5.3 $f(z) = z$ を右図のような閉曲線 $C = C_1 + C_2 + C_3$ に沿って積分せよ．

[解] $\int_C z \, dz = \int_{C_1} + \int_{C_2} + \int_{C_3}$

$C_1 : z(t) = t \ (0 \to 1),\ C_2 : z(t) = 1 + i(t-1) \ (1 \to 2), -C_3 : z(t) = (1+i)t \ (0 \to 1)$ である．

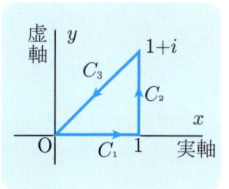

図 5.10

$\therefore \int_{C_1} z \, dz = \int_0^1 t \cdot 1 \, dt = \frac{1}{2}, \int_{C_2} z \, dz = \int_1^2 \{1 + i(t-1)\} i \, dt = -\frac{1}{2} + i$

$\int_{C_3} z \, dz = -\int_{-C_3} z \, dz = -\int_0^1 (1+i)t(1+i) \, dt = -i \quad \therefore \int_C z \, dz = 0$

問 5.2 $C = C_1 + C_2 + C_3$ を右のような閉曲線とするとき，$f(z) = z^2$ について，

$$\int_{C_1}, \ \int_{C_2}, \ \int_{C_3}, \ \int_C$$

を求めよ．

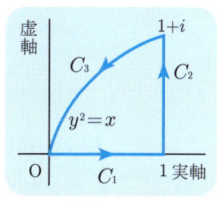

図 5.11

次の性質は複素積分の理論的な扱いでよく用いられる不等式である．

定理 5.4　$|f(z)|$ の曲線 C 上での最大値を M，曲線 C の長さを L とすると，
$$\left|\int_C f(z)\,dz\right| \leqq \int_a^b |f(z(t))|\,|z'(t)|\,dt \leqq ML \tag{5.7}$$
ただし $a < b$ とする．

補助定理　実変数 t の複素関数値 $\varphi(t)$ に対して
$$\left|\int_a^b \varphi(t)\,dt\right| \leqq \int_a^b |\varphi(t)|\,dt$$

[補助定理の証明]
$$\int_a^b \varphi(t)\,dt = \left|\int_a^b \varphi(t)\,dt\right| \cdot e^{i\theta} \quad \left(\theta \text{ は } \int_a^b \varphi(t)\,dt \text{ の偏角}\right)$$

$\varphi(t) = |\varphi(t)| \cdot e^{i\eta}$ (η は $\varphi(t)$ の偏角で t の関数)．よって，

$$\left|\int_a^b \varphi(t)\,dt\right| = e^{-i\theta} \int_a^b \varphi(t)\,dt$$
$$= e^{-i\theta} \int_a^b |\varphi(t)| \cdot e^{i\eta}\,dt = \int_a^b e^{i(\eta-\theta)}|\varphi(t)|\,dt$$

左辺は実数であるから，右辺も実数で，その実部に等しい．よって，
$$\left|\int_a^b \varphi(t)\,dt\right| = \int_a^b \cos(\eta-\theta)|\varphi(t)|\,dt \leqq \int_a^b |\varphi(t)|\,dt \qquad \square$$

[定理 5.4 の証明]　曲線 C 上で $|f(z)| \leqq M$ であるから，上記の補助定理より，

$$\left|\int_C f(z)\,dz\right| = \left|\int_a^b f(z(t))z'(t)\,dt\right|$$
$$\leqq \int_a^b |f(z(t))||z'(t)|\,dt \leqq M \int_a^b |z'(t)|dt$$

ところが，$\int_a^b |z'(t)|\,dt = \int_a^b \sqrt{x'(t)^2 + y'(t)^2}\,dt$ は曲線 C の長さ L であるから，求める不等式が得られる． $\square$

5.2 複素積分の性質

● **より理解を深めるために**

例 5.4 $z \to \alpha$ のとき $f(z) \to \gamma$ とする．右図のように円 $|z-\alpha|=r$ 上の点 $\alpha+r$ から $\alpha-r$ に至るような円弧を C_r とするとき，

$$\lim_{r \to 0} \int_{C_r} \frac{f(z)}{z-\alpha}\,dz = \gamma\pi i$$

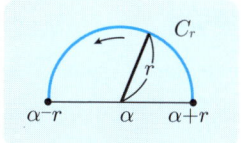

であることを証明せよ． □ 図 5.12

[解]　仮定より，p.49 の追記のように，$z \to \alpha$ のとき，$f(z) \to \gamma$ ということは，任意の $\varepsilon > 0$ に対し，ある $\delta > 0$ がきまり，$0 < |z-z_0| < \delta$ であるようなすべての z に対して $|f(z)-\gamma| < \varepsilon/\pi$ となることである．$0 < r < \delta$ とすれば，$|z-\alpha|=r$ のとき，

$$\left|\frac{f(z)-\gamma}{z-\alpha}\right| = \frac{|f(z)-\gamma|}{r} < \frac{\varepsilon}{\pi r}$$

C_r の長さは πr だから，前ページの定理 5.4 より

$$\left|\int_{C_r} \frac{f(z)-\gamma}{z-\alpha}\,dz\right| < \frac{\varepsilon}{\pi r}(\pi r) = \varepsilon \qquad \cdots ①$$

ところで，$z-\alpha = re^{i\theta}\ (0 \leqq \theta \leqq \pi),\ dz = ire^{i\theta}\,d\theta$

$$\int_{C_r} \frac{1}{z-\alpha}\,dz = \int_0^\pi \frac{ire^{i\theta}}{re^{i\theta}}\,d\theta = \pi i,$$

これを①に代入して

$$\left|\int_{C_r} \frac{f(z)}{z-\alpha}\,dz - \gamma\pi i\right| < \varepsilon$$

$$\therefore\ \lim_{r \to 0} \int_{C_r} \frac{f(z)}{z-\alpha}\,dz = \gamma\pi i \qquad ■$$

問 5.3 [†]　$a>0, b>0$ とする．点 a から bi に至る右図のような折線を C とするとき，$\left|\int_C \frac{e^{iz}}{z}\,dz\right| < \frac{1}{a} + \frac{a}{b}$ を示せ．

問 5.4　$0 \leqq \theta \leqq \dfrac{\pi}{2}$ のとき，$\sin\theta \geqq \dfrac{2}{\pi}\theta$ を証明せよ．

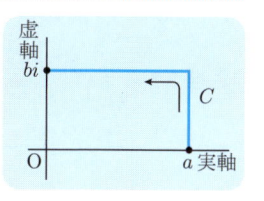

図 5.13

[†]　「演習関数論」(サイエンス社) p.64 の問題 4.1 を参照．

5.3 線積分とグリーンの定理

線積分 $\quad C: x = x(t), \quad y = y(t) \quad (t: a \to b)$

を xy 平面上の向きをもった，区分的に滑らかな曲線とする．また，2 変数の実数値関数 $u(x,y)$ は C を含む領域 D で連続とする．ここで，曲線 C に沿っての $u(x,y)$ の x に関する線積分および y に関する線積分をそれぞれ次のように定義する．

> **x に関する線積分の定義**
> $$\int_C u(x,y)\,dx = \int_a^b u(x(t), y(t)) x'(t)\,dt \tag{5.8}$$
>
> **y に関する線積分の定義**
> $$\int_C u(x,y)\,dy = \int_a^b u(x(t), y(t)) y'(t)\,dt \tag{5.9}$$

注意 5.1 x の関数 $y(x)$ が与えられたとき，
$$\int_a^b f(x, y(x))\,dx$$
は上で定義した線積分の特別な場合になる．なぜならば，曲線 C として，$x(t) = t$, $y(x) = y(t)$ をとってみればよい．

次に，積分路が同じ線積分を次のように書き表す．
$$\int_C u(x,y)\,dx + \int_C v(x,y)\,dy = \int_C \{u(x,y)\,dx + v(x,y)\,dy\}$$

複素関数の線積分表示 z 平面を xy 平面とみると，z 平面上の曲線 C は xy 平面上の曲線である．複素関数に対して次の定理が成り立つ．

> **定理 5.5**
> $$\begin{aligned}\int_C f(z)\,dz &= \int_C \{u(x,y)\,dx - v(x,y)\,dy\} \\ &\quad + i \int_C \{u(x,y)\,dy + v(x,y)\,dx\}\end{aligned} \tag{5.10}$$

この定理の証明は次ページの問 5.6 をみよ．

5.3 線積分とグリーンの定理

● **より理解を深めるために** ●

例 5.5 $C: x(t) = t+1, y(t) = t^2 \ (t: 0 \to 1)$ とするとき，次の線積分を計算せよ．

(1) $\displaystyle\int_C (x+y)\, dx$　　(2) $\displaystyle\int_C (x+y^2)\, dy$

[解] (1) $u(x,y) = x+y,\ x(t) = t+1,\ x'(t) = 1$

$$\int_C u(x,y)\, dx = \int_0^1 \{x(t)+y(t)\}x'(t)\, dt$$
$$= \int_0^1 \{(t+1)+t^2\}\cdot 1\, dt = \frac{11}{6}$$

(2) $u(x,y) = x+y^2,\ y(t) = t^2,\ y'(t) = 2t$

$$\int_C u(x,y)\, dy = \int_0^1 \{(t+1)+t^4\}2t\, dt = 2 \qquad \blacksquare$$

例 5.6 次の線積分の値を計算せよ．

$$\int_C \{y^2 dx + x^2 dy\}, \quad C: x = \cos t,\ y = \sin t \quad (t: 0 \to \pi)$$

[解] $\displaystyle I = \int_C \{y^2 dx + x^2 dy\}$

$$= \int_0^\pi \sin^2 t(-\sin t)\, dt + \int_0^\pi \cos^2 t \cos t\, dt$$
$$= \int_0^\pi (-\sin^3 t)\, dt + \int_0^\pi \cos^3 t\, dt$$
$$= -2\int_0^{\pi/2} \sin^3 t\, dt$$
$$= -2\cdot\frac{2}{3} = -\frac{4}{3} \qquad \blacksquare$$

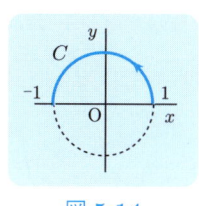

図 5.14

問 5.5 次の線積分の値を計算せよ．

(1) $\displaystyle\int_C \{x^2\, dx + 2xy\, dy\}, \quad C: x(t) = t,\ y(t) = -t+2 \quad (t: 1 \to -1)$

(2) $\displaystyle\int_C \{xy\, dx + e^{x^2} dy\}, \quad C: x(t) = t, y(t) = t^2 \quad (t: 0 \to 2)$

問 5.6 p.88 の定理 5.5 を証明せよ．

定理 5.6 (グリーンの定理) 実関数 $P(x,y), Q(x,y)$ が閉領域 D で偏微分可能で，偏導関数が連続であり，D の境界の曲線 C は正の向き (⇨ 次ページの定義) にまわるものとする．このとき

$$\int_C \{P(x,y)\,dx + Q(x,y)\,dy\}$$
$$= \iint_D \left(\frac{\partial Q(x,y)}{\partial x} - \frac{\partial P(x,y)}{\partial y}\right) dxdy \quad (5.11)$$

[証明] まず D が x に関して単純な領域(⇨ 次ページの定義)のときを示す．

$$D = \{(x,y) : a \leqq x \leqq b,\ \varphi_1(x) \leqq y \leqq \varphi_2(x)\}$$

とし，図 5.18 のように，C を C_1, C_2, C_3, C_4 に分けると，

$$\int_C P(x,y)\,dx = \int_{C_1} + \int_{C_2} + \int_{C_3} + \int_{C_4}$$

となる．C_1 においては，$x = b, y = y\ (y : \varphi_1(b) \to \varphi_2(b))$ と，パラメータとして y をとることができる．よって，$dx/dy = 0$ であるから，

$$\int_{C_1} P(x,y)\,dx = \int_{\varphi_1(b)}^{\varphi_2(b)} P(b,y) \frac{dx}{dy} dy = 0$$

同様に，C_3 における線積分も 0 である．ゆえに，

$$\int_C P(x,y)\,dx = \int_a^b P(x,\varphi_1(x))\,dx + \int_b^a P(x,\varphi_2(x))\,dx$$
$$= -\int_a^b \{P(x,\varphi_2(x)) - P(x,\varphi_1(x))\}\,dx$$
$$= -\int_a^b dx \int_{\varphi_1(x)}^{\varphi_2(x)} \frac{\partial P(x,y)}{\partial y}\,dy = -\iint_D \frac{\partial P(x,y)}{\partial y}\,dxdy$$

次に，一般の領域の場合はこれを x に関して単純な小領域に分割し，各小領域では (5.11) が成り立つのでこれらをすべての小領域に関して加える．小領域の境界のうち領域の内部にあるものは，隣りあった 2 つの小領域の境界として 2 回現れ，その向きは逆であるから和は 0 となる (⇨ 図 5.19)．よって領域全体で $P(x,y)$ についての定理が成り立つ．また $Q(x,y)$ についても，y についての単純な小領域 (⇨ 次ページの定義) に分割して同様に証明することができる．　□

● より理解を深めるために ●

単純な領域　次のような領域を**単純な領域**という.

(1)　x に関して単純な領域
$D: a \leqq x \leqq b,\ \varphi_1(x) \leqq y \leqq \varphi_2(x)$
$\varphi_1(x), \varphi_2(x)$ は $[a, b]$ で連続

(2)　y に関して単純な領域
$D: \psi_1(y) \leqq x \leqq \psi_2(y),\ c \leqq y \leqq d$
$\psi_1(y), \psi_2(y)$ は $[c, d]$ で連続

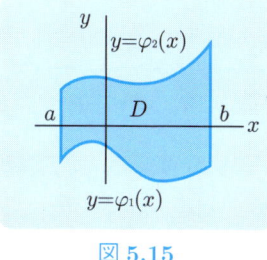

図 5.15

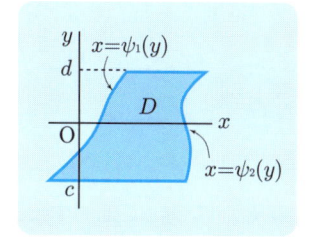

図 5.16

有向曲線の正の向き，負の向き　閉領域 D の境界の曲線 C 上の点が，時計の針と逆回りに動くとき，この曲線の向きは，**正の向き**であるという．また時計の針と同じ向きに動くときは，**負の向き**であるという．

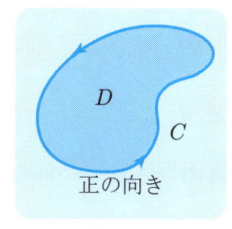

図 5.17 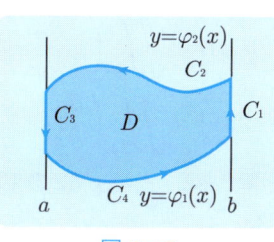　　　　図 5.18 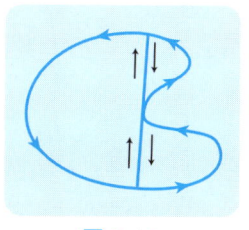　　　　図 5.19

追記 5.1　前ページのグリーンの定理は (5.11) のようにまとめて書くのが通例であるが，$Q = 0$ または，$P = 0$ とするとおのおの次のようになる．

$$\int_C P\,dx = -\iint_D \frac{\partial P}{\partial y}\,dxdy \quad (5.12), \quad \int_C Q\,dy = \iint_D \frac{\partial Q}{\partial x}\,dxdy \quad (5.13)$$

この 2 式は別々に成り立つので，常に両方を必要としているわけではない．

問 5.7　$\displaystyle\int_C \{(e^x + y)\,dx + (y^4 + x^3)\,dy\}$ を重積分に帰着して求めよ．(C は単位円を正の向きに 1 周したものである.)

5.4 コーシーの定理

以上のような準備をして,いよいよ正則関数の理論の基礎となるコーシーの定理に入ろう.

> **定理 5.7** (コーシーの定理) 関数 $f(z)$ が閉曲線[†] C および C で囲まれた領域で正則ならば,
> $$\int_C f(z)\,dz = 0$$
> である ($\Rightarrow$ 図 5.20).

[証明] ここでは $f(z)$ の実部および虚部が偏微分可能で,その偏導関数が連続の場合について証明する[††]. まず p.88 の定理 5.5 により,

$$\int_C f(z)\,dz = \int_C \{u(x,y)\,dx - v(x,y)\,dy\} \\ + i\int_C \{u(x,y)\,dy + v(x,y)\,dx\}$$

である.ここで p.90 の定理 5.6(グリーンの定理) を用いて,

$$\int_C \{u\,dx - v\,dy\} = \iint_D \left(-\frac{\partial u}{\partial y} - \frac{\partial v}{\partial x}\right)\,dxdy$$
$$\int_C \{u\,dy + v\,dx\} = \iint_D \left(\frac{\partial u}{\partial x} - \frac{\partial v}{\partial y}\right)\,dxdy$$

となる.ところが $f(z)$ は正則であるから,p.52 の定理 3.4 のコーシー・リーマンの微分方程式が成立する.

$$\frac{\partial u}{\partial x} = \frac{\partial v}{\partial y},\quad \frac{\partial u}{\partial y} = -\frac{\partial v}{\partial x}$$

$$\therefore\quad \int_C f(z)dz = 0 \qquad\blacksquare$$

[†] ここで閉曲線というときは,途中で交わったりしない単純なものとする.また積分を考えるときは,積分路は正の向きをとるものとする.

[††] $f(z)$ が正則関数ならば幾度でも微分ができることが p.116 の定理 6.2 で示されるので,当然正則関数の導関数は連続となる.よって,$f(z)$ の正則性を定理で仮定しているので,上記のように証明の最初でもちだしても一般性を失わない.

5.4 コーシーの定理

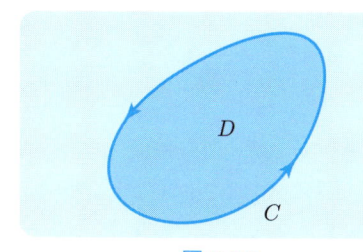

● **より理解を深めるために** ●

$f(z)$ は C の上および D で正則
$\Rightarrow \displaystyle\int_C f(z)dz = 0$

図 5.20

例 5.7 C を中心 $(1,0)$, 半径 1 の円とするとき，次の積分を求めよ．

(1) $\displaystyle\int_C \frac{z^2}{z-3}\, dz$

(2) $\displaystyle\int_C \frac{1}{e^z+1}\, dz$ □

図 5.21

[解] (1) $f(z) = \dfrac{z^2}{z-3}$ は $z=3$ 以外のすべての点で正則だから，円 $C: |z-1|=1$ の周およびその内部のすべての点で正則，よってコーシーの定理より

$$\int_C \frac{z^2}{z-3}\, dz = 0$$

(2) $e^z + 1 = 0$ を満たす z の値を求める．

$e^z = e^x(\cos y + i\sin y)$ であるので，$e^x(\cos y + i\sin y) = -1$ を満足するのは，$x=0$, $y = (2n+1)\pi$ (n は整数) である．よって求める z の値は $z = (2n+1)\pi i$ である．よって，$f(z) = \dfrac{1}{e^z+1}$ は円 C の周およびその内部の点で正則．よってコーシーの定理より，

$$\int_C \frac{1}{e^z+1}\, dz = 0.$$
■

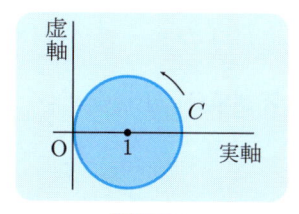

問 5.8 [†] 右図のような正方形の周を C とするとき，次の積分を求めよ．

(1) $\displaystyle\int_C \frac{z}{z^2+2}\, dz$ (2) $\displaystyle\int_C \frac{1}{\sin(z-2)}\, dz$

[†]「演習関数論」(サイエンス社) p.67 の問題 5.1(1),(2) を参照．

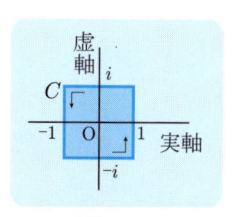

図 5.22

定理 5.8　$f(z)$ が領域 D で正則とする．D 内の点 α と点 β を結ぶ 2 つの異なる曲線を C_1, C_2 とすると
$$\int_{C_1} f(z)\,dz = \int_{C_2} f(z)\,dz \quad (\Rightarrow 図 5.23) \tag{5.14}$$

[証明]　いま α から C_1 を通って β にゆき，そこから C_2 を通って α に帰る閉曲線は $C_1 + (-C_2)$ と表される．コーシーの定理により，次を得る．
$\int_{C_1+(-C_2)} f(z)\,dz = 0$ よって，$\int_{C_1} f(z)\,dz + \int_{-C_2} f(z)\,dz = 0$. したがって，$\int_{C_1} f(z)\,dz = -\int_{-C_2} f(z)\,dz$. ∴ $\int_{C_1} f(z)\,dz = \int_{C_2} f(z)\,dz$. □

不定積分　上記定理から，領域 D 内の点 α を固定し，$z \in D$ までの積分
$$F(z) = \int_\alpha^z f(\zeta)\,d\zeta \tag{5.15}$$
は，z のとり方できまり，α と z を結ぶ積分路には無関係である (したがって上のように書いてよい) ことがわかる．いま $F(z)$ を $f(z)$ の**不定積分**という．

定理 5.9　(5.15) のような $F(z)$ に対し，$\qquad F'(z) = f(z). \tag{5.16}$

[証明]　D 内の任意の点 z_0 の近くに $z_0 + h$ をとり，z_0 と $z_0 + h$ を結ぶ直線を C_2 とし，α と z_0 を結ぶ曲線を C_1 とする (⇨ 図 5.24)．そうすると，
$$F(z_0 + h) = \int_{C_1+C_2} f(z)\,dz = \int_{C_1} f(z)\,dz + \int_{C_2} f(z)\,dz = F(z_0) + \int_{C_2} f(z)\,dz$$
ここでこの直線 C_2 の方程式は変数 t を用いて，$z(t) = z_0 + th \ (0 \leqq t \leqq 1)$ と表されるので，
$$\int_{C_2} f(z)\,dz = \int_0^1 f(z(t)) \frac{dz}{dt} dt = h \int_0^1 f(z(t))\,dt$$
$$\therefore \quad \frac{F(z_0+h) - F(z_0)}{h} - f(z_0) = \int_0^1 f(z(t))\,dt - f(z_0)$$
$$= \int_0^1 \{f(z(t)) - f(z_0)\}\,dt$$
ここで，$h \to 0$ とすると，$z(t) \to z_0$ となるので，この値は 0 に収束する．
$$\therefore \quad \lim_{h \to 0} \frac{F(z_0+h) - F(z_0)}{h} = f(z_0) \qquad \therefore \quad F'(z_0) = f(z_0) \quad □$$

5.4 コーシーの定理

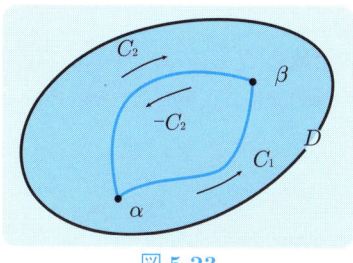

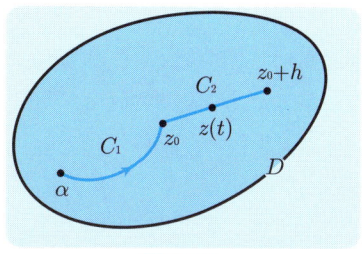

● **より理解を深めるために** ●

図 5.23

図 5.24

注意 5.2 前ページの定理 5.9 では，α を固定し $F(z) = \int_{\alpha}^{z} f(\zeta)\, d\zeta$ を考えたが，$F_{\beta}(z) = \int_{\beta}^{z} f(\zeta)\, d\zeta$ も考えられる．しかも $F'(z) = F'_{\beta}(z) = f(z)$ となる．このように，

$$F'(z) = f(z) \qquad \cdots ①$$

となる関数 $F(z)$ は無数に考えられる．しかし第 3 章演習 3.3 (p.60) で示したように，$F'(z) = 0$ ならば $F(z) = C$（一定）になる．したがって，①の関係を満足する $F(z)$ の 1 つを $F_0(z) = \int_{z_0}^{z} f(\zeta)\, d\zeta$ とすると，

$$F'_0(z) - F'(z) = 0 \qquad \therefore \quad F_0(z) - F(z) = C.$$

ここで，$z = z_0$ とおくと，$F_0(z_0) = 0$ であるので，$-F(z_0) = C$ となる．よって，

$$\int_{z_0}^{z} f(\zeta)\, d\zeta = F(z) - F(z_0) \tag{5.17}$$

の関係があることがわかる．

例 5.8 $\displaystyle\int_{a}^{b} z^n\, dz \ (n > 0)$ を求めよ． □

[解] z^n は全平面で正則である．

$$\left(\frac{z^{n+1}}{n+1}\right)' = z^n \quad \text{だから} \quad \int_{a}^{b} z^n\, dz = \frac{b^{n+1} - a^{n+1}}{n+1} \qquad ■$$

問 5.9 次の積分を求めよ．
(1) $\displaystyle\int_{\alpha}^{\beta} \cos z\, dz$ 　　(2) $\displaystyle\int_{\pi i}^{2\pi i} e^{-z}\, dz$

5.5 コーシーの定理の拡張

定理 5.10 閉曲線 C_1, C_2 で囲まれた環状領域を D とする．$f(z)$ が C_1, C_2 の上および D のすべての点で正則で，C_2 の内部に正則でない部分 D' があるとき (⇨ 図 5.25(1))

$$\int_{C_1} f(z)\, dz = \int_{C_2} f(z)\, dz$$

[証明] C_1, C_2 を正の向きの閉曲線とし (⇨ 図5.25(2))，A, B をそれぞれ C_1, C_2 上の点とする．A から C_1 上を正の向きに1周し，次に A から B に渡り，その次に B から C_2 上を逆向きに1周し，最後に B から A に戻る閉曲線を Γ とする．仮定から Γ の周と内部では正則であるから，コーシーの定理により，

$$\int_\Gamma f(z)\, dz = 0$$

ところが，左辺は次のように表される．

$$\int_{C_1} f(z)\, dz + \int_{AB} f(z)\, dz - \int_{C_2} f(z)\, dz + \int_{BA} f(z)\, dz = 0$$

$$\int_{BA} f(z)\, dz = -\int_{AB} f(z)\, dz \qquad \therefore \quad \int_{C_1} f(z)\, dz = \int_{C_2} f(z)\, dz \qquad \blacksquare$$

定理 5.11 関数 $f(z)$ が次ページの図 5.26 のような閉曲線 $C_1, C_2, \cdots, C_n$ および，これらで囲まれた領域 D のすべての点で正則で，C_k の内部に正則でない部分 $D'_k (k = 1, 2, \cdots, n)$ があるとき，

$$\int_C f(z)\, dz = \int_{C_1} f(z)\, dz + \int_{C_2} f(z)\, dz + \cdots + \int_{C_n} f(z)\, dz$$

[証明] 前定理と同様に証明することができる． $\blacksquare$

定理 5.10 の系 $f(z)$ は領域 D 内で点 α を除いて正則とする．C を点 α のまわりを1周する閉曲線とし，点 α を中心とし，C の内部に円 K を描くと，

$$\int_C f(z)\, dz = \int_K f(z)\, dz$$

5.5 コーシーの定理の拡張

● **より理解を深めるために** ●

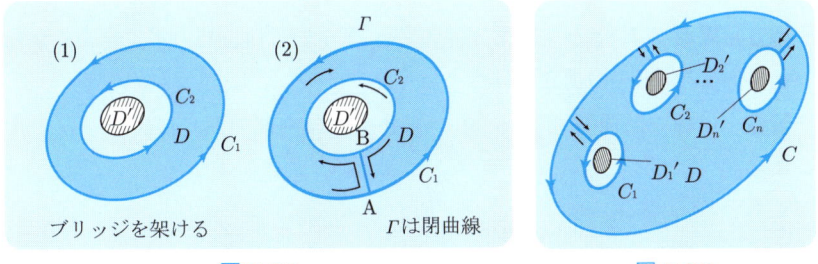

図 5.25

図 5.26

例 5.9 α を含む閉曲線 C に対し，

$$\int_C (z-\alpha)^n\, dz = \begin{cases} 2\pi i & (n=-1) \quad \cdots (1) \\ 0 & (n \neq -1) \quad \cdots (2) \end{cases}$$

が成り立つことを示せ． □

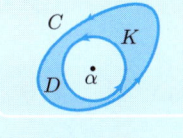

図 5.27

[解] 積分路を C から，中心 α，半径 r の円 K に変換し，定理 5.10 を用いる．円 K の方程式を，$z - \alpha = re^{i\theta}$ $(0 \leqq \theta \leqq 2\pi)$ とすると，

$$I_n = \int_C (z-\alpha)^n\, dz = \int_K (z-\alpha)^n\, dz = \int_0^{2\pi} (re^{i\theta})^n i re^{i\theta}\, d\theta$$

$$= ir^{n+1} \int_0^{2\pi} e^{i(n+1)\theta}\, d\theta$$

$$\therefore \quad \begin{cases} I_{-1} = i \int_0^{2\pi} d\theta = 2\pi i & (n=-1) \\ I_n = ir^{n+1} \left[\dfrac{e^{i(n+1)\theta}}{i(n+1)} \right]_0^{2\pi} = 0 & (n \neq -1) \end{cases}$$

■

問 5.10[†] 円 $C: |z-1| = 1/2$ に沿って，次の関数を積分せよ．C は正の向きに 1 周するものとする．

(1) $\dfrac{z}{3z-2}$ (2) $\dfrac{1}{z^2 - 3z + 2}$

問 5.11 原点を中心とし，半径 2 の円を C とするとき，次の値を求めよ．

$$\int_C \dfrac{1}{z(z-1)}\, dz \quad (C \text{ は正の向きに 1 周する})$$

[†] 「演習関数論」(サイエンス社) p.68 の問題 6.1 を参照．

5.6 留　　数

孤立特異点　$f(z)$ が点 α で不正則で，点 α の近傍に他の不正則な点がないとき，α を $f(z)$ の**孤立特異点**という．

留数　単純な閉曲線 C(⇨p.99 の追記 5.2) の内部の孤立特異点を α とするとき，
$$\frac{1}{2\pi i}\int_C f(z)\, dz$$
の値を $f(z)$ の α における**留数** (residue) といい，$\mathrm{Res}(f(z), \alpha)$ または $\mathrm{Res}(\alpha)$ で表す．したがって，
$$\int_C f(z)dz = 2\pi i\, \mathrm{Res}(f(z), \alpha)$$

定理 5.12　$z=\alpha$ が孤立特異点で，
$$\lim_{z \to \alpha}(z-\alpha)f(z) = l \tag{5.18}$$
が存在すれば，$l = \mathrm{Res}(f(z), \alpha)$ である．

[証明]　p.96 の定理 5.10 の系で述べたように，$z=\alpha$ を中心とする半径 r の円 K について考えればよい．いま，$z-\alpha = r(\cos\theta + i\sin\theta)$ とおくと，
$$\begin{aligned}
\int_K f(z)\, dz &= \int_K f(z)(z-\alpha)\frac{dz}{z-\alpha} \\
&= \int_0^{2\pi} f(z)(z-\alpha)\frac{r(-\sin\theta + i\cos\theta)}{r(\cos\theta + i\sin\theta)}d\theta \\
&= i\int_0^{2\pi} f(z)(z-\alpha)\, d\theta
\end{aligned}$$
このやり方は r がいくら小さくても成立するので，いまもし $r \to 0$，すなわち $z \to \alpha$ であるとき，(5.18) より $f(z)(z-\alpha) \to l$ であるので
$$\int_K f(z)\, dz = i\int_0^{2\pi} l\, d\theta = 2\pi i l$$
$$\therefore\quad \frac{1}{2\pi i}\int_C f(z)\, dz = \frac{1}{2\pi i}\int_K f(z)\, dz = l \qquad \square$$

1 位の極　$z=\alpha$ が孤立特異点で，(5.18) が $l \neq 0$ で成り立つとき，α を $f(z)$ の **1 位の極** (pole) という．

より理解を深めるために

例 5.10 $f(z) = 1/(1-z)$ において,
$$\mathrm{Res}(f(z), 1) = \lim_{z \to 1}(z-1)\frac{1}{1-z} = -1$$
であるので, $z = 1$ を 1 位の極としてもつことがわかる. よって, $\dfrac{1}{2\pi i}\displaystyle\int_C f(z)\,dz$ は積分路 C が $z = 1$ を内部に含むならば -1, $z = 1$ を内部に含まないならば, コーシーの定理より 0 である. □

例 5.11 $f(z) = \dfrac{\cos z}{z(z-2i)}$ の特異点を求め, そこでの留数を求めよ. □

[解] 与えられた $f(z)$ は $z = 0, z = 2i$ 以外では正則であるから, この 2 つの点が特異点である. 前ページの定理 5.12 を用いて計算すると,
$$\mathrm{Res}(0) = \lim_{z \to 0} z\frac{\cos z}{z(z-2i)} = \frac{1}{-2i},$$
$$\mathrm{Res}(2i) = \lim_{z \to 2i}(z-2i)\frac{\cos z}{z(z-2i)} = \frac{\cos 2i}{2i}$$ ■

例 5.12 次の積分を求めよ.
$$\int_C \frac{dz}{(z-3)(z-i)} \quad (C : |z| = 2)$$ □

[解] 被積分関数は $z = 3, i$ の 2 つの孤立特異点を持つが, C の内部にあるのは i だけである. 留数を求めると
$$\mathrm{Res}(i) = \lim_{z \to i}(z-i)\frac{1}{(z-3)(z-i)} = \frac{1}{i-3}$$
$$\therefore \quad \int_C \frac{dz}{(z-3)(z-i)} = 2\pi i \frac{1}{i-3} = \frac{1-3i}{5}\pi$$ ■

追記 5.2 **単純な閉曲線** 始点と終点が一致するような曲線を閉曲線ということは p.82 で述べた. それ以外に一致する点がないとき**単純である**という.

問 5.12 次の積分を求めよ. ただし積分路は括弧内に示す円周である.

(1) $\displaystyle\int_C \frac{z}{z^2-4}\,dz \quad (C : |z| = 1)$ (2) $\displaystyle\int_C \frac{e^z}{z-2}\,dz \quad (C : |z-2| = 1)$

(3) $\displaystyle\int_C \frac{z^2+4}{z}\,dz \quad (C : |z| = 1)$ (4) $\displaystyle\int_C \frac{\cos \pi z}{z-1}\,dz \quad (C : |z-1| = 1)$

次に1つの閉曲線 C の内部に n 個の孤立特異点がある場合について考える．

定理 5.13 関数 $f(z)$ が閉曲線 C 内に孤立特異点 $\alpha_1, \alpha_2, \cdots, \alpha_n$ をもち，他では正則とする．$f(z)$ の $\alpha_k (k=1,2,\cdots,n)$ における留数を l_k とすると，

$$\frac{1}{2\pi i}\int_C f(z)\,dz = \sum_{k=1}^n l_k \tag{5.19}$$

[証明] 次ページの図5.28のように，$\alpha_1, \alpha_2, \cdots, \alpha_n$ を中心として，十分小さい半径の円 $C_1, C_2, \cdots, C_n$ を書き，$C_1, C_2, \cdots, C_n$ は互いに交わらず，しかも C の内部に含まれるようにできる．そうすると，p.96の定理5.11より

$$\frac{1}{2\pi i}\int_C f(z)\,dz = \sum_{k=1}^n \frac{1}{2\pi i}\int_{C_k} f(z)\,dz$$

となるが，$f(z)$ の α_k による留数を l_k とすると，

$$\sum_{k=1}^n \frac{1}{2\pi i}\int_{C_k} f(z)\,dz = \sum_{k=1}^n l_k \quad \therefore \quad \frac{1}{2\pi i}\int_C f(z)\,dz = \sum_{k=1}^n l_k \qquad \blacksquare$$

定理 5.14 $f(z), g(z)$ が点 α の近傍で正則で，$g(\alpha)=0, g'(\alpha) \neq 0$ ならば，$\dfrac{f(z)}{g(z)}$ に対して

$$\mathrm{Res}\left(\frac{f(z)}{g(z)}, \alpha\right) = \frac{f(\alpha)}{g'(\alpha)} \tag{5.20}$$

[証明] $g'(\alpha) = \lim_{z\to\alpha}\dfrac{g(z)-g(\alpha)}{z-\alpha} = \lim_{z\to\alpha}\dfrac{g(z)}{z-\alpha}$ $(\because g(\alpha)=0)$

次に $\dfrac{f(z)}{g(z)}$ の留数を求める．p.98 の定理 5.12 より，

$$\lim_{z\to\alpha}(z-\alpha)\frac{f(z)}{g(z)} = \lim_{z\to\alpha}\frac{f(z)}{\dfrac{g(z)}{z-\alpha}} = \frac{f(\alpha)}{g'(\alpha)}$$

$$\therefore \quad \mathrm{Res}\left(\frac{f(z)}{g(z)}, \alpha\right) = \frac{f(\alpha)}{g'(\alpha)} \qquad \blacksquare$$

5.6 留　数

● **より理解を深めるために**

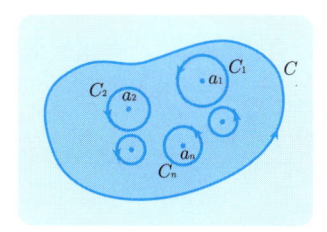

図 5.28

例 5.13 積分路 C を原点を中心とし，半径 2 の円周とするとき，次を求めよ．
$$\frac{1}{2\pi i}\int_C \frac{e^{\alpha z}}{z^2+1}dz \quad (\alpha は定数)$$

[解] $f(z)=e^{\alpha z}, g(z)=z^2+1$ とおく．$g(z)=z^2+1=0$ とする次の 2 点 $\alpha_1=i, \alpha_2=-i$ が孤立特異点である．$g'(z)=2z$ より，$g'(i)\neq 0, g'(-i)\neq 0$ となる．よって，前ページの定理 5.14 より，
$$\text{Res}\left(\frac{e^{\alpha z}}{z^2+1}, i\right) = \frac{e^{\alpha i}}{2i}, \ \text{Res}\left(\frac{e^{\alpha z}}{z^2+1}, -i\right) = \frac{e^{-\alpha i}}{-2i}$$
ゆえに，前ページの定理 5.13 より，
$$\frac{1}{2\pi i}\int_C \frac{e^{\alpha z}}{z^2+1}\,dz = \frac{e^{\alpha i}-e^{-\alpha i}}{2i} = \sin\alpha \quad ■$$

例 5.14 $\tan z$ の特異点と，その点における留数を求めよ．

[解] $\tan z = \sin z/\cos z, \cos z = 0$ より，$\alpha = (n+1/2)\pi$ (n は整数) が特異点である．よって，前ページの定理 5.14 により留数を求めると，$(\cos z)' = -\sin z$ より，$z=\alpha$ で $(\cos z)' \neq 0$.
$$\therefore \text{Res}(\tan z, \alpha) = \frac{\sin z}{-\sin z} = -1. \quad ■$$

問 5.13[†]　右図のような正方形の周を C とするとき，
$$\int_C \frac{z+1}{z(2z+1)(z-3)}\,dz$$
を求めよ．

[†] 「演習関数論」(サイエンス社) p.74 の問題 11.1(1) を参照．

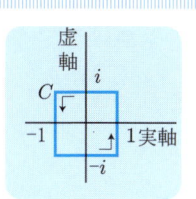

図 5.29

5.7 実関数の定積分への応用

通常の積分学の方法では値を求めることの困難な実関数の定積分でも，適当な複素積分を利用することによって比較的容易にその値を計算できることがある．次にその例を示すことにしよう．

> **例題 1** $\displaystyle\int_0^\infty \frac{\sin x}{x} dx = \frac{\pi}{2}$ を示せ．

[解] 関数 $f(z) = \dfrac{e^{iz}}{z}$ について次ページの図 5.30 のような積分路 C を考える．この積分路の周や内部で $f(z)$ は正則であるからコーシーの定理により，C に沿っての積分値は 0 である．積分路を分けて図 5.30 のように，$C = C_1 + C_2 + C_3 + C_4$ とする．つまり，

$$\int_C = \int_{C_1} + \int_{C_2} + \int_{C_3} + \int_{C_4} = 0 \quad \left(\int_{C_i} = I_i \ (i=1,2,3,4) \text{ とおく}\right).$$

$I_1 = \displaystyle\int_{C_1} \frac{e^{zi}}{z} dz$ では $z = Re^{i\theta} = R(\cos\theta + i\sin\theta)$ $(0 \leqq \theta \leqq \pi)$ とおくと，$dz = zi\, d\theta$ より

$$\left|\int_{C_1} \frac{e^{zi}}{z} dz\right| = \left|\int_0^\pi \frac{e^{zi}}{z} \cdot zi\, d\theta\right| = \left|\int_0^\pi ie^{zi}\, d\theta\right|$$

$$= \left|\int_0^\pi ie^{-R\sin\theta} \cdot e^{Ri\cos\theta}\, d\theta\right|$$

$$\leqq \int_0^\pi \left|ie^{-R\sin\theta}\right| \left|e^{Ri\cos\theta}\right| d\theta$$

$$= \int_0^\pi e^{-R\sin\theta}\, d\theta$$

$$= 2\int_0^{\pi/2} e^{-R\sin\theta}\, d\theta \quad (\because \ \left|e^{Ri\cos\theta}\right| = 1)$$

ところが，$\sin\theta \geqq 2\theta/\pi$ $(0 \leqq \theta \leqq \pi/2)$ (p.87 の問 5.4) より

$$|I_1| \leqq 2\int_0^{\pi/2} e^{-R\cdot 2\theta/\pi} d\theta = \frac{\pi}{R}\left(1 - e^{-R}\right)$$

ここで，$R \to +\infty$ とすると，$I_1 \to 0$ となる． $\cdots$ ①

次に，I_2 と I_4 の積分はともに実軸上における積分であるから，z の代

5.7 実関数の定積分への応用

わりに x と書くことにする.

そこでこの 2 つをまとめて書くと次のようになる.

$$I_2 + I_4 = \int_{-R}^{-\varepsilon} \frac{e^{xi}}{x} dx + \int_{\varepsilon}^{R} \frac{e^{xi}}{x} dx$$

$$= \int_{R}^{\varepsilon} \frac{e^{-xi}}{x} dx + \int_{\varepsilon}^{R} \frac{e^{xi}}{x} dx$$

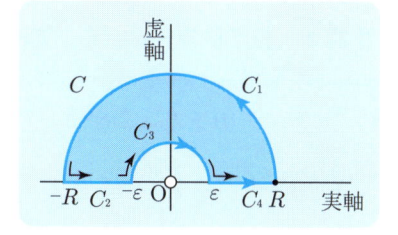

$$= \int_{\varepsilon}^{R} \frac{e^{xi} - e^{-xi}}{x} dx = 2i \int_{\varepsilon}^{R} \frac{\sin x}{x} dx \qquad \cdots ②$$

図 5.30

最後に I_3 について考える.

$$I_3 = \int_{C_3} \frac{e^{zi}}{z} dz = \int_{C_3} \frac{1}{z} dz + \int_{C_3} \frac{e^{zi} - 1}{z} dz$$

p.97 の例 5.9 の (1) より,

$$\int_{C_3} \frac{1}{z} dz = -\pi i \qquad \cdots ③$$

さて, $e^{zi} \to 1 \ (z \to 0)$ より, $z = z(\theta) = \varepsilon e^{i\theta} \ (0 \leqq \theta \leqq \pi)$ とすれば, $dz = i\varepsilon e^{i\theta} d\theta = zi \, d\theta$

$$\left| \int_{C_3} \frac{e^{zi} - 1}{z} dz \right| = \left| \int_{\pi}^{0} \left(e^{z(\theta)i} - 1 \right) i \, d\theta \right|$$

$$\leqq \int_{0}^{\pi} \left| e^{z(\theta)i} - 1 \right| \to 0 \quad (\varepsilon \to 0) \qquad \cdots ④$$

ゆえに, ①, ②, ③, ④により

$$2i \int_{0}^{\infty} \frac{\sin x}{x} dx - \pi i = 0$$

$$\therefore \int_{0}^{\infty} \frac{\sin x}{x} dx = \frac{\pi}{2}. \qquad \blacksquare$$

問 5.14[†] $f(z) = \dfrac{e^{2zi} - 1}{z^2}$ を例題 1 と同様に扱って, $\displaystyle\int_{0}^{\infty} \left(\frac{\sin x}{x} \right)^2 dx$ を求めよ.

[†] 「演習関数論」(サイエンス社) p.70 の問題 8.1 を参照.

> **例題 2** 複素積分を用いて,実積分 $\displaystyle\int_0^{2\pi} \frac{d\theta}{4\cos\theta + 5}$ を求めよ.

[解] $z = e^{i\theta}$ $(0 \leqq \theta \leqq 2\pi)$ とおくと,

$$\cos\theta = \frac{1}{2}\left(e^{i\theta} + e^{-i\theta}\right) = \frac{1}{2}\left(z + \frac{1}{z}\right), \quad dz = iz\,d\theta$$

より,$4\cos\theta + 5 = 4 \times \dfrac{1}{2}\left(z + \dfrac{1}{z}\right) + 5 = \dfrac{2z^2 + 5z + 2}{z}$.

これらの式から,与えられた積分は,

$$\frac{1}{i}\int_0^{2\pi} \frac{zi}{2z^2 + 5z + 2}\,d\theta = \int_C \frac{-i}{2z^2 + 5z + 2}\,dz \quad (C: |z| = 1)$$

この $f(z) = \dfrac{-i}{2z^2 + 5z + 2}$ の特異点は,$2z^2 + 5z + 2 = 0$ とおいて,$\alpha_1 = -1/2$,$\alpha_2 = -2$ であるが,C の内部にあるのは,$\alpha_1 = -1/2$ だけである.

$\mathrm{Res}(f(z), -1/2)$
$= \displaystyle\lim_{z \to -1/2}\left(z + \frac{1}{2}\right)\frac{-i}{2(z + 1/2)(z + 2)}$
$= \dfrac{-i}{3}$

ゆえに,

$$\int_C f(z)\,dz = 2\pi i\,\mathrm{Res}\left(f(z), -\frac{1}{2}\right)$$
$$= 2\pi i \cdot \frac{-i}{3} = \frac{2\pi}{3} \qquad \blacksquare$$

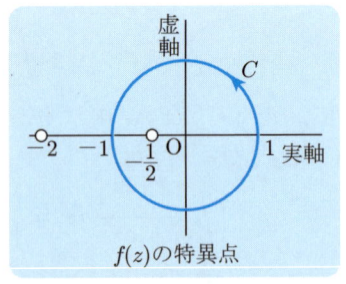

図 5.31

問 5.15 [†] 複素積分を用いて,実積分 $\displaystyle\int_0^{2\pi} \frac{d\theta}{2 + \sin\theta}$ を求めよ.

[†] $z = e^{i\theta}(0 \leqq \theta \leqq 2\pi)$ とすると,$\sin\theta = \dfrac{1}{2i}\left(z - \dfrac{1}{z}\right)$ となることを用いよ.
「演習関数論」(サイエンス社) p.77 の問題 13.1(1) を参照.

5.7 実関数の定積分への応用

例題 3 複素積分を用いて，実積分 $\displaystyle\int_{-\infty}^{\infty} \frac{\cos x}{1+x^2}\,dx$ を求めよ．

[解] 複素関数 $f(z) = \dfrac{e^{zi}}{1+z^2}$ を考える．
上半平面にある特異点は $z = i$ であり，その留数は，

$\mathrm{Res}(i) = \displaystyle\lim_{z\to i}(z-i)\frac{e^{zi}}{1+z^2}$

$= \displaystyle\lim_{z\to i}(z-i)\frac{e^{zi}}{(z+i)(z-i)} = \frac{e^{-1}}{2i} = -\frac{ie^{-1}}{2}$

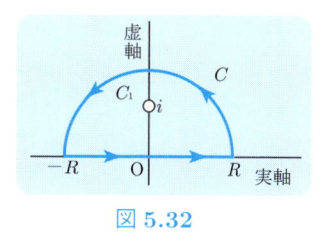

図 5.32

そこで，図 5.32 のように原点を中心とし半径 $R\,(>1)$ の上半面に沿って R から $-R$ までゆき (この積分路を C_1 とする)，ついで実軸上を $-R$ から R 間でゆく積分路 C を考える．p.98 の定理 5.12 より

$$\int_C \frac{e^{zi}}{1+z^2}\,dz = 2\pi i\left(-\frac{ie^{-1}}{2}\right) = \pi e^{-1}.$$

ところで，

$$\int_C \frac{e^{zi}}{1+z^2}\,dz = \int_{C_1} \frac{e^{zi}}{1+z^2}\,dz + \int_{-R}^{R} \frac{e^{xi}}{1+x^2}\,dx \qquad \cdots \text{①}$$

半円 C_1 上では，$z = Re^{i\theta}\,(0 \leqq \theta \leqq \pi)$, $dz = iRe^{i\theta}\,d\theta$ となる．また，$z = x + yi$ としたとき，上半平面で考えているので，$y \geqq 0$ である．ゆえに $|e^{zi}| = |e^{i(x+yi)}| = |e^{xi}\cdot e^{-y}| = e^{-y} \leqq 1$.

$\therefore\quad \left|\displaystyle\int_{C_1} \frac{e^{zi}}{1+z^2}\,dz\right| \leqq \int_0^\pi \frac{|iRe^{i\theta}|}{|1+R^2e^{2i\theta}|}\,d\theta \leqq \int_0^\pi \frac{R}{R^2-1}\,d\theta$

$(\because\ |R^2e^{2i\theta}+1| \geqq |R^2e^{2\theta i}| - 1 = R^2 - 1)$

$$= \frac{\pi R}{R^2-1} \to 0 \quad (R\to\infty)$$

したがって，①で $R\to\infty$ とすると，$\displaystyle\int_{-\infty}^{\infty} \frac{e^{xi}}{1+x^2}\,dx = \pi e^{-1}$. 実部と虚部に分けて，$\displaystyle\int_{-\infty}^{\infty} \frac{\cos x}{1+x^2}\,dx = \pi e^{-1}, \int_{-\infty}^{\infty} \frac{\sin x}{1+x^2}\,dx = 0$ である． ∎

演 習 問 題

例題 5.1 ─────────────────── 定積分と積分路 ─

右図のような閉曲線 $C\,(=C_1+C_2+C_3)$ について
$$\int_C (\bar{z}+zi)\,dz$$
を求めよ．

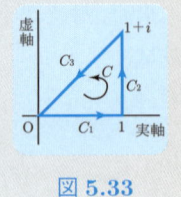

図 5.33

[解] (i) $C_1:z=t\ (t:0\to 1)$ では
$$f(z)=t+ti$$
$$\therefore\ \int_{C_1} f(z)\,dz=\int_0^1 (t+ti)\,dt=\frac{1}{2}(1+i)$$

(ii) $C_2:z=1+ti\ (0\leqq t\leqq 1),\ dz=i\,dt$
$$f(z)=(1-it)+i(1+it)=(1+i)(1-t)$$
$$\int_{C_2} f(z)\,dz=\int_0^1 (1+i)(1-t)i\,dt$$
$$=i(1+i)\left[t-\frac{t^2}{2}\right]_0^1=\frac{1}{2}(-1+i)$$

(iii) $C_3:z=t+it\ (t:1\to 0),\,dz=(1+i)\,dt$
$$f(z)=(t-it)+i(t+it)=0\quad\therefore\ \int_{C_3} f(z)\,dz=0$$

(iv) $\displaystyle\int_C f(z)\,dz=\int_{C_1}+\int_{C_2}+\int_{C_3}=i$

(解答は章末の p.112 に掲載されています．)

演習 5.1 次の各関数を半円周 $z=re^{i\theta}\ (\theta:0\to\pi)$ に沿って積分せよ．
(1) $f(z)=z+i\bar{z}$　　(2) $f(z)=\dfrac{z+1}{z}$

―― 例題 5.2 ―――――――――――――――――――――― 特異点と留数 ――

$f(z)$ が単位円 C の周およびその内部のすべての点で正則とする. $|\alpha|<1$ に対して,次を証明せよ.

(1) $\quad (1-|\alpha|^2)f(\alpha) = \dfrac{1}{2\pi i}\displaystyle\int_C \left(\dfrac{1-\bar{\alpha}z}{z-\alpha}\right) f(z)\, dz$

(2) $\quad (1-|\alpha|^2)|f(\alpha)| \leqq \dfrac{1}{2\pi}\displaystyle\int_0^{2\pi} |f(e^{i\theta})|\, d\theta$

(⇨ p.39 の例題 2.2 を参照.)

[解] (1) $g(z) = \left(\dfrac{1-\bar{\alpha}z}{z-\alpha}\right)f(z)$ とおくと,$g(z)$ は C の内部で唯一の特異点 α をもつ.よって,p.98 の定理 5.12 より

$$\dfrac{1}{2\pi i}\int_C \left(\dfrac{1-\bar{\alpha}z}{z-\alpha}\right)f(z)\,dz = \dfrac{1}{2\pi i}\int_C g(z)\,dz = \operatorname{Res}(g(x),\alpha)$$
$$= \lim_{z\to\alpha}(z-\alpha)g(z) = \lim_{z\to\alpha}(1-\bar{\alpha}z)f(z)$$
$$= (1-|\alpha|^2)f(\alpha)$$

(2) p.39 の例題 2.2 より,

$$|z|=1 \quad \text{のとき} \quad \left|\dfrac{1-\bar{\alpha}z}{z-\alpha}\right| = 1.$$

よって,$|g(z)| = |f(z)|$.ここで,$z = e^{i\theta}$ とおくと,(1) より

$$(1-|\alpha|^2)|f(\alpha)| = \left|\dfrac{1}{2\pi i}\int_C g(z)dz\right|$$
$$\leqq \dfrac{1}{2\pi}\int_0^{2\pi} |g(e^{i\theta})|\left|\dfrac{dz}{d\theta}\right|\,d\theta$$
$$= \dfrac{1}{2\pi}\int_0^{2\pi}|f(e^{i\theta})|\,d\theta$$

演習 5.2 次の関数の特異点を求め,その留数を計算せよ.

(1) $\dfrac{z}{z^3+8}$ (2) $\dfrac{e^z}{\sinh z}$ (3) $f(z) = \dfrac{z^2}{(z-1)^3}$ のとき $\dfrac{f'(z)}{f(z)}$

例題 5.3 　　　　　　　　　　　　　　　　　　　　　　　　　　　　　留数

関数 $f(z)$ が孤立特異点 $z = \alpha$ の近傍内の点 z ($\neq \alpha$) で

$$f(z) = \frac{\alpha_{-p}}{(z-\alpha)^p} + \cdots + \frac{\alpha_{-1}}{z-\alpha} + g(z) \quad (\alpha_{-p} \neq 0) \quad \cdots ①$$

と表されるとき (ただし, $g(z)$ はこの近傍内で正則な関数とする),

$$\alpha_{-1} = \mathrm{Res}(f(z), \alpha)$$

であることを示せ.

[解]　C を孤立特異点 α の周りの単純閉曲線とすると, p.97 の例 5.9 およびコーシーの定理により,

$$\begin{aligned}
\mathrm{Res}(f(z), \alpha) &= \frac{1}{2\pi i} \int_C f(z)\, dz \\
&= \frac{1}{2\pi i} \left\{ \int_C \frac{\alpha_{-p}}{(z-\alpha)^p}\, dz + \cdots + \int_C \frac{\alpha_{-1}}{z-\alpha}\, dz + \int_C g(z)\, dz \right\} \\
&= \alpha_{-1}
\end{aligned}$$

注意 5.3　$f(z)$ が上記①で表されるとき, α を $f(z)$ の**位数 p の極**という.

演習 5.3　α が $f(z)$ の位数 p の極ならば,

$$\mathrm{Res}(f(z), \alpha) = \frac{1}{(p-1)!} \lim_{z \to \alpha} \frac{d^{p-1}}{dz^{p-1}} \{(z-\alpha)^p f(z)\}$$

であることを示せ ($p = 1$ のときは p.98 の定理 5.12 を参照).

演習 5.4　次の各有理関数の $z = \alpha$ における留数を, 次の方法で求めよ.

(i)　部分分数に分解する方法.

(ii)　演習 5.3 の方法.

(1)　$\dfrac{1}{z(z-1)^2}$　($\alpha = 1$)

(2)　$\dfrac{1}{z(z+3)^3}$　($\alpha = -3$)

例題 5.4 ——————————— 様々な積分 (フレネルの積分)

円 $|z|=r$ 上の点から $re^{\pi i/4}$ に至る右図のような円弧を C とするとき，次を証明せよ．

(1) $\left|\displaystyle\int_C e^{-z^2}\,dz\right| < \dfrac{\pi}{4r}$

(2) $\displaystyle\int_C e^{-z^2}\,dz = e^{\pi i/4}\int_0^r e^{-t^2 i}\,dt - \int_0^r e^{-x^2}\,dx$

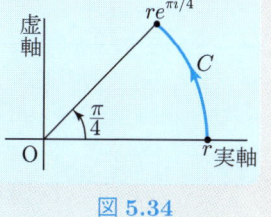

(3) $\displaystyle\int_0^\infty \cos t^2\,dt = \int_0^\infty \sin t^2\,dt = \dfrac{\sqrt{\pi}}{2\sqrt{2}}$ (フレネルの積分)

図 5.34

[解] C 上の点 z に対し，$z = re^{i\theta}$ ($0 \le \theta \le \pi/4$) だから，

$$I = \left|\int_C e^{-z^2}\,dz\right| \le \int_0^{\pi/4}\left|e^{-z^2}\right|\left|\dfrac{dz}{d\theta}\right|d\theta \le \int_0^{\pi/4} re^{-r^2\cos 2\theta}\,d\theta = J$$

ここで，$\theta = (\pi/2 - t)/2$ と変数を変換する．また p.87 の問題 5.4 より，

$$J = \dfrac{r}{2}\int_0^{\pi/2} e^{-r^2\sin t}\,dt$$

$$\le \dfrac{r}{2}\int_0^{\pi/2} e^{-2r^2 t/\pi}\,dt = \dfrac{\pi}{4r}\left(1 - e^{-r^2}\right) < \dfrac{\pi}{4r}$$

$$\therefore\quad I < \dfrac{\pi}{4r}$$

(2) $f(z) = e^{-z^2}$ は平面全体で正則だから，p.94 の定理 5.8 より積分路 C を，r から 0 を経て $re^{\pi i/4}$ に至る折線 (この積分路を Γ とする) に変更することができる．いま，$z = te^{\pi i/4}$ のとき，$z^2 = t^2 i, dz = e^{i\pi/4}\,dt$ であるから，

$$\int_C e^{-z^2}\,dz = \int_\Gamma e^{-z^2}\,dz = -\int_0^r e^{-x^2}\,dx + e^{\pi i/4}\int_0^r e^{-t^2 i}\,dt$$

(3) (1), (2) で $r \to \infty$ とすれば，下の演習 5.5 を用いて，

$$\int_0^\infty e^{-t^2 i}\,dt = e^{-\pi i/4}\int_0^\infty e^{-x^2}\,dx = e^{-\pi i/4}\dfrac{\sqrt{\pi}}{2} = \dfrac{\sqrt{\pi}}{2\sqrt{2}}(1-i)$$

この両辺の実部，虚部をとれば，求める式が得られる．

演習 5.5 実関数の 2 重積分を用いて，$\displaystyle\int_0^\infty e^{-t^2}\,dt = \dfrac{\sqrt{\pi}}{2}$ を証明せよ (解答を見よ).

問の解答（第5章）

問 5.1　C_1 に沿っての積分は $1+i/3$，C_2 に沿っての積分は 1．

問 5.2　C_1 に沿っての積分は $1/3$，C_2 に沿っての積分は $-1+2i/3$，C_3 に沿っての積分は $2(i-1)/3$，C に沿っての積分は 0．

問 5.3
$$\left|\int_C \frac{e^{zi}}{z}dz\right| = \left|\int_0^b \frac{e^{i(a+ti)}}{a+ti}i\,dt + \int_a^0 \frac{e^{i(t+bi)}}{t+bi}\,dt\right|$$
$$\leqq \int_0^b \frac{|e^{-t+ai}|}{|a+ti|}\,dt + \int_0^a \frac{|e^{-b+ti}|}{|t+bi|}\,dt$$
$$\leqq \int_0^b \frac{e^{-t}}{a}\,dt + \int_0^a \frac{e^{-b}}{b}\,dt$$
$$= \frac{1}{a}\left(1-e^{-b}\right) + e^{-b}\frac{a}{b}$$
$$< \frac{1}{a} + \frac{a}{b}$$

問 5.4　$y=\sin\theta$ のグラフは，$\left[0, \dfrac{\pi}{2}\right]$ で上に凸であるから，直線 $y=2\theta/\pi$ の上にある．

$$\therefore\quad \sin\theta \geqq \frac{2\theta}{\pi} \quad \left(0\leqq \theta \leqq \frac{\pi}{2}\right)$$

問 5.4 の図

問 5.5　(1)　-2　　(2)　$3+e^4$

問 5.6
$$\int_C f(z)dz = \int_a^b f(z(t))z'(t)\,dt$$
$$= \int_a^b \{u(x(t),y(t)) + iv(x(t),y(t))\}\{x'(t)+iy'(t)\}\,dt$$
$$= \int_a^b \{u(x(t),y(t))x'(t) - v(x(t),y(t))y'(t)\}\,dt$$
$$\quad + i\int_a^b \{u(x(t),y(t))y'(t) + v(x(t),y(t))x'(t)\}\,dt$$
$$= \int_C \{u(x,y)\,dx - v(x,y)\,dy\} + i\int_C \{u(x,y)\,dy + v(x,y)dx\}$$

問の解答 (第5章)

問 5.7 グリーンの定理を用いる. $-\dfrac{\pi}{4}$

問 5.8 コーシーの定理を用いる.
(1) 0   (2) 0

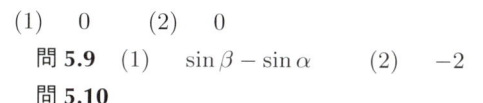

問 5.9 (1) $\sin\beta - \sin\alpha$ (2) -2

問 5.10
(1) $\dfrac{z}{3z-2} = \dfrac{1}{3} + \dfrac{2}{3(3z-2)}$ より, $\dfrac{4}{9}\pi i$.
(2) $\dfrac{1}{z^2-3z+2} = \dfrac{1}{z-2} - \dfrac{1}{z-1}$ より, $-2\pi i$.

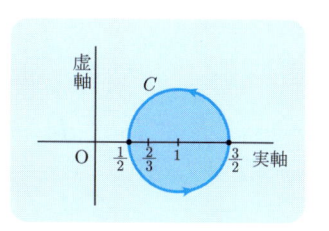

問 5.10 の図

問 5.11 $I = \displaystyle\int_C \dfrac{dz}{z(z-1)} = \int_C \left(\dfrac{1}{z-1} - \dfrac{1}{z}\right) dz$
より, 被積分関数は円 C 内で, $z=1$ と $z=0$ で正則でない. 従って, 右図のように $z=1$ と $z=0$ を中心とする小円 C_1, C_2 をとると, p.96 の定理 5.11 より,

$$I = \int_{C_1} \left(\dfrac{1}{z-1} - \dfrac{1}{z}\right) dz + \int_{C_2} \left(\dfrac{1}{z-1} - \dfrac{1}{z}\right) dz$$
$$= \int_{C_1} \dfrac{dz}{z-1} - \int_{C_1} \dfrac{dz}{z} + \int_{C_2} \dfrac{dz}{z-1} - \int_{C_2} \dfrac{dz}{z}$$
$$= 2\pi i + 0 + 0 - 2\pi i = 0$$

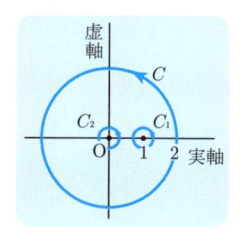

問 5.11 の図

問 5.12 (1) 0   (2) $2\pi e^2 i$ (3) $8\pi i$ (4) $-2\pi i$

問 5.13 $f(z) = \dfrac{z+1}{z(2z+1)(z-3)}$ は C の内部に特異点 $z = 0, -\dfrac{1}{2}$ をもつ. そこでの留数を計算すると,

$$\operatorname{Res}(0) = \lim_{z\to 0} zf(z) = -\dfrac{1}{3}, \quad \operatorname{Res}\left(-\dfrac{1}{2}\right) = \lim_{z\to -1/2}\left(z+\dfrac{1}{2}\right)f(z) = \dfrac{1}{7}$$

よって, p.100 の定理 5.13 より, $-\dfrac{8\pi i}{21}$.

問 5.14 $f(z) = \dfrac{e^{2zi}-1}{z^2}$ は $z=0$ 以外では正則だから, 右図のような積分路 Γ に対して, コーシーの定理より $\displaystyle\int_\Gamma f(z)\,dz = 0$.

$$\therefore \quad \int_{C_1} + \int_{C_2} + \int_{C_3} + \int_{C_4} = 0$$

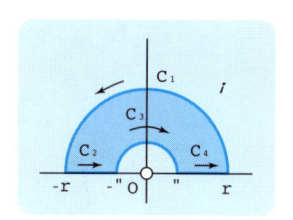

問 5.14 の図

第 5 章　複素積分とコーシーの定理

よって，
$$\int_{C_2} + \int_{C_4} = -\int_{C_1} - \int_{C_3}$$

$$\begin{aligned}
\int_{C_2} + \int_{C_4} &= \int_{-r}^{-\varepsilon} f(x)\,dx + \int_{\varepsilon}^{r} f(x)\,dx \\
&= \int_{\varepsilon}^{r} f(-x)\,dx + \int_{\varepsilon}^{r} f(x)\,dx \\
&= \int_{\varepsilon}^{r} \frac{e^{-2xi} + e^{2xi} - 2}{x^2}\,dx \\
&= 2\int_{\varepsilon}^{r} \frac{\cos 2x - 1}{x^2}\,dx = -4\int_{\varepsilon}^{r} \left(\frac{\sin x}{x}\right)^2 dx
\end{aligned}$$

p.87 の例 5.4 より $\displaystyle\lim_{\varepsilon \to 0}\int_{-C_3} f(z)\,dz = \pi i \lim_{z \to 0} \frac{e^{2zi} - 1}{z} = -2\pi$.

C_1 上では $\left|\dfrac{e^{2zi} - 1}{z^2}\right| \leq \dfrac{|e^{2ri}| + 1}{r^2} = \dfrac{2}{r^2}$，$C_1$ の長さは πr であるから p.86 の定理 5.4 より $\left|\displaystyle\int_{C_1} f(z)dz\right| \leq \dfrac{2}{r^2} \cdot \pi r = \dfrac{2\pi}{r}$

$$\therefore \lim_{r \to \infty}\int_{C_1} f(z)\,dz = 0 \qquad \therefore \int_0^\infty \left(\frac{\sin x}{x}\right)^2 dx = \frac{\pi}{2}$$

問 5.15　$z = e^{i\theta}$ とおくと，$\sin\theta = \dfrac{1}{2i}\left(z - \dfrac{1}{z}\right)$, $d\theta = \dfrac{1}{zi}\,dz$ より

$$I = \int_0^{2\pi} \frac{1}{2 + \sin\theta}\,d\theta = \int_C \frac{2}{z^2 + 4zi - 1}\,dz \quad (C : |z| = 1)$$

$z^2 + 4zi - 1 = 0$ の解は $z = (-2 \pm \sqrt{3})i$ である．よって，$f(z) = 2/(z^2 + 4zi - 1)$ の単位円内の特異点は $\alpha = (-2 + \sqrt{3})i$ だけである．よって $\mathrm{Res}(\alpha) = \dfrac{1}{\sqrt{3}\,i}$.

$$\therefore I = \frac{2\pi}{\sqrt{3}}$$

演習問題解答（第 5 章）

演習 5.1　(1)　$\displaystyle\int_C (z + \bar{z}i\,dz) = \int_0^\pi \left(re^{i\theta} + ire^{-i\theta}\right) ire^{i\theta}\,d\theta$

$$= \int_0^\pi \left(ir^2 e^{2i\theta} - r^2\right) d\theta = \left[ir^2 \cdot \frac{e^{2i\theta}}{2i} - r^2\theta\right]_0^\pi = -\pi r^2$$

(2) $\displaystyle\int_C \left(1+\frac{1}{z}\right) dz = \int_0^\pi (1+r^{-1}e^{-i\theta})ire^{i\theta}\, d\theta$

$\displaystyle \qquad\qquad\qquad = \int_0^\pi (ire^{i\theta}+i)\, d\theta = -2r+\pi i$

演習 5.2 (1) $z^3+8=0$ より，特異点は $-2, 1\pm\sqrt{3}\,i$ である．p.100 の定理 5.14 により，$z=\alpha$ で留数を求めると，$\mathrm{Res}(\alpha)=1/3\alpha$.

$\therefore\quad \mathrm{Res}(-2)=-1/6,\quad \mathrm{Res}(1\pm\sqrt{3}\,i)=1/3(1\pm\sqrt{3}\,i)$.

(2) $\displaystyle \frac{e^z}{\sinh z}=\frac{2e^z}{e^z-e^{-z}}=\frac{2e^{2z}}{e^{2z}-1}$, $e^{2z}-1=0$ より，特異点は，$\alpha=n\pi i$ (n は整数) である．p.100 の定理 5.14 により，$z=\alpha$ で留数を求めると，

$$\mathrm{Res}(\alpha)=2e^{2\alpha}/2e^{2\alpha}=1.$$

(3) $f(z)=\dfrac{z^2}{(z-1)^3}$ より，$\dfrac{f'(z)}{f(z)}=\dfrac{-z-2}{z(z-1)}=\dfrac{2}{z}-\dfrac{3}{z-1}$.

よって，$z=0,1$ が特異点である．p.98 の定理 5.12 により留数を求めると，

$$\mathrm{Res}(0)=\lim_{z\to 0} z\frac{f'(z)}{f(z)}=2,\quad \mathrm{Res}(1)=\lim_{z\to 1}(z-1)\frac{f'(z)}{f(z)}=-3$$

演習 5.3 (1) α が $f(z)$ の位数 p の極であるので，p.108 の例題 5.3 より，$f(z)=\dfrac{\alpha_{-p}}{(z-\alpha)^p}+\cdots+\dfrac{\alpha_{-1}}{z-\alpha}+g(z)$. この両辺に $(z-\alpha)^p$ をかけて，$p-1$ 回微分すれば，

$$\{f(z)(z-\alpha)^p\}^{(p-1)}=\alpha_{-1}(p-1)!+\sum_{r=0}^{p-1}{}_{n-1}\mathrm{C}_r g(z)^{(p-1-r)}\{(z-\alpha)^p\}^{(r)}$$

$$\lim_{z\to\alpha}\{f(z)(z-\alpha)\}^{(p-1)}=\alpha_{-1}(p-1)!$$

$$\therefore\quad \alpha_{-1}=\frac{1}{(p-1)!}\lim_{z\to\alpha}\{f(z)(z-\alpha)^p\}^{(p-1)}$$

演習 5.4 (1) (i) $\dfrac{1}{z(z-1)^2}=\dfrac{1}{(z-1)^2}+\dfrac{-1}{z-1}+\dfrac{1}{z}\qquad\cdots$ ①

$\left(\dfrac{1}{z(z-1)^2}=\dfrac{A}{z}+\dfrac{B}{(z-1)^2}+\dfrac{C}{z-1}$ とおいて計算せよ$\right)$

上記①より $\mathrm{Res}(1)=\alpha_{-1}=-1$.

(ii) $\alpha=1$ は $f(z)$ の位数 2 の極であるから，p.108 の演習 5.3 より，

$$\mathrm{Res}(1)=\frac{1}{1!}\lim_{z\to 1}\frac{d}{dz}\left\{(z-1)^2\frac{1}{z(z-1)^2}\right\}=\lim_{z\to 1}(-1)z^{-2}=-1$$

(2) (i) $\dfrac{1}{z(z+3)^3} = \dfrac{1}{27}\left(\dfrac{-9}{(z+3)^3} + \dfrac{-3}{(z+3)^2} + \dfrac{-1}{z+3} + \dfrac{1}{z}\right)$ $\cdots$ ②

$\left(\dfrac{1}{z(z+3)^3} = \dfrac{A}{z} + \dfrac{B}{(z+3)^3} + \dfrac{C}{(z+3)^2} + \dfrac{D}{z+3}\text{とおいて計算せよ}\right).$

上記②により,$\text{Res}(-3) = \alpha_{-1} = -\dfrac{1}{27}.$

(ii) $\alpha = -3$ は $f(z)$ の位数 3 の極であるから,p.108 演習 5.3 より

$$\text{Res}(-3) = \dfrac{1}{2!}\lim_{z\to -3}\dfrac{d^2}{dz^2}(z+3)^3\dfrac{1}{z(z+3)^3} = \dfrac{1}{2}\cdot 2\dfrac{1}{(-3)^3} = -\dfrac{1}{27}$$

演習 5.5 (1) $\displaystyle\iint_D e^{-x^2-y^2}\,dxdy\ (D: x\geqq 0, y\geqq 0)$ の広義積分を求める.下図のように D_n を,原点を中心とし,半径 n の円と D との共通部分とすれば,$\{D_n\}$ は D の近似増加列である.変数を $r = r\cos\theta, y = r\sin\theta$ に変換すると,

$$\iint_{D_n} e^{-x^2-y^2}\,dxdy = \int_0^{\pi/2}d\theta\int_0^n e^{-r^2}r\,dr$$
$$= \int_0^{\pi/2}\left[-\dfrac{1}{2}e^{-r^2}\right]_0^n d\theta$$
$$= \pi(1-e^{-n^2})/4$$

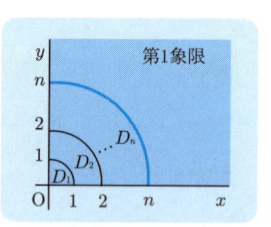

ここで $n\to\infty$ とすると,$\displaystyle\iint_D e^{-x^2-y^2}\,dxdy = \dfrac{\pi}{4}$ を得る.

演習 5.5 の図

(2) 次に $D'_m : D \leqq x \leqq m, 0 \leqq y \leqq m$ をとると D'_m も D の近似増加列である.よって

$$\iint_{D'_n} e^{-x^2-y^2}\,dxdy = \left(\int_0^m e^{-x^2}\,dx\right)\left(\int_0^m e^{-y^2}\,dy\right) = \left(\int_0^m e^{-x^2}\,dx\right)^2$$

また,前半の (1) により $m\to\infty$ のとき $\displaystyle\iint_{D'_m} e^{-x^2-y^2}\,dxdy \to \dfrac{\pi}{4}$ である.よって

$$\int_0^\infty e^{-x^2}\,dx = \dfrac{\sqrt{\pi}}{2}.$$

第 6 章

コーシーの積分公式と関数の展開

本章の目的 ある領域 D で正則な関数 $f(z)$ に対し,第 5 章ではコーシー定理が成立することを示したが,さらに D 内の 1 点 α における関数の値 $f(\alpha)$ は,α を囲む曲線 C の上の値から

$$f(\alpha) = \frac{1}{2\pi i} \int_C \frac{f(z)}{z-\alpha}\,dz$$

で表されるというコーシーの積分公式を導く.これから,正則関数に関する多くの重要な性質が導けることを示し,その応用について述べる.

本章の内容

- **6.1** コーシーの積分公式
- **6.2** リュウビルの定理・代数学の基本定理
- **6.3** 関数の展開(テーラー展開,ローラン展開)
- 研究 整級数による解析接続

6.1 コーシーの積分公式

コーシーの積分公式と呼ばれる次の 2 つの定理は正則関数の性質を調べるときの基本になる．この章では閉曲線 C は正の向きにとるものとする．

定理 6.1 (コーシーの積分公式)　$f(z)$ が領域 D で正則ならば，D 内の 1 点 α と，α を囲む D 内の閉曲線 C に対し

$$f(\alpha) = \frac{1}{2\pi i} \int_C \frac{f(z)}{z-\alpha} \, dz \qquad (6.1)$$

[証明]　$f(z)/(z-\alpha)$ は $z = \alpha$ を孤立特異点としてもつ．その留数は，$\lim_{z \to \alpha}(z-\alpha)\dfrac{f(z)}{z-\alpha} = f(\alpha)$ であるから，p.98 の定理 5.12 より (6.1) が示される． □

定理 6.2 (コーシーの積分公式)　$f(z)$ が領域 D で正則ならば，$f(z)$ は何回でも微分可能となり，D 内の 1 点 α における微分係数 $f^{(n)}(\alpha)$ は，α を囲む閉曲線 C をとると

$$f^{(n)}(\alpha) = \frac{n!}{2\pi i} \int_C \frac{f(z)}{(z-\alpha)^{n+1}} \, dz \qquad (6.2)$$

[証明]　まず $n = 1$ のときを考える．定理 6.1(コーシーの積分公式) より，

$$\frac{f(\alpha+h) - f(\alpha)}{h} = \frac{1}{h 2\pi i} \int_C \left\{ \frac{f(z)}{z-\alpha-h} - \frac{f(z)}{z-\alpha} \right\} dz$$

$$= \frac{1}{2\pi i} \int_C \frac{f(z)}{(z-\alpha-h)(z-\alpha)} \, dz$$

ここで，$h \to 0$ とすると，z が C の上のどこにあっても，

$$\frac{1}{(z-\alpha-h)(z-\alpha)} \to \frac{1}{(z-\alpha)^2}, \quad \text{また} \quad \frac{f(\alpha+h)-f(\alpha)}{h} \to f'(\alpha)$$

$$\therefore \quad f'(\alpha) = \frac{1}{2\pi i} \int_C \frac{f(z)}{(z-\alpha)^2} \, dz \qquad \cdots ①$$

次に①に対してまた同じ手続きを繰り返すことができる．すなわち，α を $\alpha + h$ にかえ，その式と①との差をとって h で割り，$h \to 0$ とすると，

$$f''(\alpha) = \frac{2}{2\pi i} \int_C \frac{f(z)}{(z-\alpha)^3}\, dz$$

が得られる．同じ手続きを繰り返せば，一般に次の式が得られる．

$$f^{(n)}(\alpha) = \frac{n!}{2\pi i} \int_C \frac{f(z)}{(z-\alpha)^{n+1}}\, dz$$

● **より理解を深めるために** ●

注意 6.1 実関数の場合には，1度微分できても，2度目は必ずしもできるとは限らないが，正則である複素関数は，前ページで述べたように必ずこれができるのである．

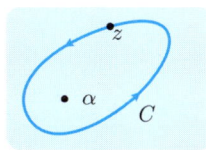

例 6.1 次の関数の指定した閉曲線に沿った積分値を求めよ．

図 6.1

(1) $\dfrac{z^4+1}{z^2-2iz}$ $(C:|z|=1)$ (2) $\dfrac{e^z}{(z-1)^4}$ $(C:|z|=2)$

[解] (1) $f(z) = \dfrac{z^4+1}{z-2i}$ とおくと，$\dfrac{f(z)}{z} = \dfrac{z^4+1}{z^2-2iz}$ となる．$f(z)$ は $z=2i$ 以外で正則だから，C の内部で正則となる．ゆえに前ページの定理 6.1 より

$$\int_C \frac{z^4+1}{z^2-2iz}\, dz = \int_C \frac{f(z)}{z}\, dz = 2\pi i f(0) = 2\pi i \left(-\frac{1}{2i}\right) = -\pi$$

(2) $f(z) = e^z$ は平面全体で正則だから，前ページの定理 6.2 より

$$f^{(3)}(1) = \frac{3!}{2\pi i} \int_C \frac{e^z}{(z-1)^4}\, dz = \frac{3}{\pi i} \int_C \frac{e^z}{(z-1)^4}\, dz$$

$f^{(3)}(z) = e^z$ より $f^{(3)}(1) = e$ となるから

$$\int_C \frac{e^z}{(z-1)^4}\, dz = \frac{\pi e}{3} i$$

(解答は章末の p.129 に掲載されています．)

問 6.1[†] $\displaystyle\int_C \frac{\sin \pi z/2}{(z-1)^3}\, dz\ (C:|z|=2)$ の値を求めよ．

[†] 「演習関数論」(サイエンス社) p.84 の問題 1.1(1) を参照．

6.2 リュウビルの定理・代数学の基本定理

コーシーの積分公式 (定理 6.2) を用いて，次のリュウビルの定理が証明される．

定理 6.3 (リュウビルの定理) $f(z)$ が全平面で正則で，$|f(z)| \leqq M$ となるような M が存在するならば，$f(z)$ は実は定数である．

[証明] α は任意の点とする．p.116 のコーシーの積分公式 (定理 6.2) により，α のまわりの半径 R の円周 C を積分路として ($\Rightarrow$ 図 6.2)

$$f'(\alpha) = \frac{1}{2\pi i} \int_C \frac{f(z)}{(z-\alpha)^2} dz$$

となる．また p.86 の定理 5.4 より，

$$|f'(\alpha)| \leqq \frac{1}{2\pi} \int_0^{2\pi} \frac{M}{R^2} R \, d\theta = \frac{M}{R}$$

ここで R はいくら大きくとってもよいので，これは $f'(\alpha) = 0$ を意味する．ゆえに，p.60 の演習 3.3 により $f(z)$ は定数となる． □

リュウビルの定理を用いて代数学の基本定理を証明

定理 6.4 (代数学の基本定理) $a_k (k=0,1,\cdots,n)$ は複素数とする．代数方程式

$$p(z) = a_0 z^n + a_1 z^{n-1} + \cdots + a_{n-1} z + a_n = 0 \quad (a_0 \neq 0)$$

は必ず複素数の範囲に解を持つ．

[証明] 背理法を用いる．$p(z) = 0$ が解を持たなかったと仮定すると，$q(z) = 1/p(z)$ は z 平面で正則で，$|z| \to \infty$ のとき，$|q(z)| \to 0$ となる．したがって，十分大きな R をとると，$|z| \geqq R$ ならば $|q(z)| \leqq M$．一方，$|z| \leqq R$ では，$q(z)$ は正則だから連続，したがって有界となるから，$|q(z)| \leqq N$ としてよい．結局，$q(z)$ は全平面で正則で

$$|q(z)| \leqq \max\{M, N\}$$

となる．ゆえにリュウビルの定理より $q(z)$ は定数となるので，$p(z)$ も定数となる．これは $p(z)$ が n 次 ($n \geqq 1$) の整式であることに反する．ゆえに $p(z) = 0$ は解をもつ． □

より理解を深めるために

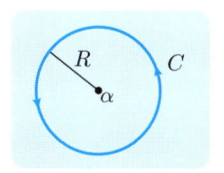

図 6.2　リュウビルの定理

注意 6.2　$p(z) = 0$ が解 z_0 をもつとすると，$n-1$ 次式
$$p(z)/(z - z_0)$$
に前ページの定理 6.4 を用いる．以下同様にして，n 次の代数方程式では必ず n 個の解 (重複を含めて) を持つことがわかる．

注意 6.3　リュウビルの定理に相当する事実は，実変数の関数では必ずしも成立しない．例えば，$\sin x$ は何回でも微分可能で $|\sin x| \leqq 1$ であるが，定数ではない．

例 6.2　$f(z)$ が平面全体で正則で，すべての z に対し，
$$\mathrm{Re}(f(z)) \leqq M$$
のような定数 M が存在するとき，$g(z) = e^{f(z)}$ にリュウビルの定理を用いて，$f(z)$ が実は定数であることを示せ．

[解]　$g(z)$ は平面全体で正則で，仮定より，すべての z に対し，
$$|g(z)| = \left|e^{f(z)}\right| = e^{\mathrm{Re}(f(z))} \leqq e^M$$
ゆえに，前ページのリュウビルの定理より，$g(z)$ は定数である．
$$\therefore \quad g'(z) = f'(z)e^{f(z)} = 0$$
$$\therefore \quad f'(z) = 0 \quad (\because \; e^{f(z)} \neq 0)$$
したがって p.60 の演習 3.3 より，$f(z)$ は定数である．

問 6.2[†]　$f(z)$ が平面全体で正則で，次の 2 つの条件を満たすとき，$f(z)$ は定数であることを証明せよ．ただし R, M は正の定数とする．
(1)　すべての z で，$f(z) \neq 0$ であり，
(2)　$|z| > R$ のとき，$|f(z)| > M$．

[†]　「演習関数論」(サイエンス社) p.86 の問題 3.2 を参照．

6.3 関数の展開 (テーラー展開, ローラン展開)

テーラー展開　領域 D で正則な関数 $f(z)$ は，何回でも微分可能なことが示されたが，さらに整級数に展開できるというテーラーの定理が成り立つ．

> **定理 6.5** (テーラーの定理)　関数 $f(z)$ が領域 D において正則とする．D 内の 1 点 α に対し，中心 α でその内部が D に含まれる最大のものの半径を r とする円を C とすれば，$|z-\alpha|<r$ のとき ($\Rightarrow$ 図 6.3)，
> $$f(z) = \sum_{n=0}^{\infty} \frac{f^{(n)}(\alpha)}{n!}(z-\alpha)^n \qquad (6.3)$$
> という整級数に展開される．

この (6.3) を**テーラー展開**，または**テーラー級数**という．

[証明]　C 内の 1 点を z，積分変数を ζ とするとコーシーの積分公式から
$$f(z) = \frac{1}{2\pi i} \int_C \frac{f(\zeta)}{\zeta-z}\,d\zeta. \qquad \cdots \text{①}$$
また，明らかに $|z-\alpha|<|\zeta-\alpha|$ である．($\Rightarrow$ 図 6.3)
$$\therefore \quad \frac{1}{\zeta-z} = \frac{1}{(\zeta-\alpha)-(z-\alpha)} = \frac{1}{\zeta-\alpha} \cdot \frac{1}{1-\dfrac{z-\alpha}{\zeta-\alpha}}$$
$$= \frac{1}{\zeta-\alpha} \sum_{n=0}^{\infty} \left(\frac{z-\alpha}{\zeta-\alpha}\right)^n = \sum_{n=0}^{\infty} \frac{(z-\alpha)^n}{(\zeta-\alpha)^{n+1}} \qquad \cdots \text{②}$$
②を①に代入し，項別積分を行い[†]，$(z-\alpha)^k$ を積分記号の外に出すと
$$f(z) = \frac{1}{2\pi i} \int_C \sum_{n=0}^{\infty} \frac{(z-\alpha)^n f(\zeta)}{(\zeta-\alpha)^{n+1}}\,d\zeta = \frac{1}{2\pi i} \sum_{n=0}^{\infty} \int_C \frac{(z-\alpha)^n f(\zeta)}{(\zeta-\alpha)^{n+1}}\,d\zeta$$
$$= \sum_{n=0}^{\infty} \frac{(z-\alpha)^n}{2\pi i} \int_C \frac{f(\zeta)}{(\zeta-\alpha)^{n+1}}\,d\zeta.$$
したがって，p.116 の (6.2) より，$f(z) = \displaystyle\sum_{n=0}^{\infty} \frac{f^{(n)}(\alpha)}{n!}(z-\alpha)^n$ を得る．□

[†] 実数の級数の場合と同様に，級数②は変数 ζ に関して一様収束であるから，項別積分ができる．

6.3 関数の展開 (テーラー展開, ローラン展開)

● **より理解を深めるために** ●

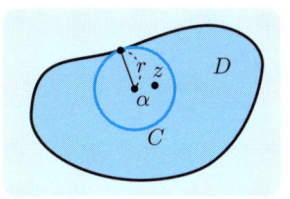

図 6.3 テーラー展開

|注意 **6.4**| 前ページの定理 6.5 で $0 < \rho < r$ とし, $|z - \alpha| = \rho$ を C とすれば,

$$a_n = \frac{f^{(n)}(\alpha)}{n!} = \frac{1}{2\pi i} \int_C \frac{f(z)}{(z-\alpha)^{n+1}} \, dz.$$

|注意 **6.5**| 前ページの定理 6.5 において, z は円 C 内の点であり, 円 C は $f(z)$ が正則である変域においては, どこまでも広げることができるから, 結局 (6.3) という展開式の有効である範囲 (これを**収束域**という) は, α を中心としてこれに最も近い不正則点を通る円の内部であるということができる. この円を**収束円**といい, その半径を**収束半径**という.

|追記 **6.1**| 前ページの (6.3) において特に $\alpha = 0$ とすれば, 次の展開式を得る.

系 6.1 マクローリン展開 (マクローリン級数)

$$f(z) = \sum_{n=0}^{\infty} \frac{f^{(n)}(0)}{n!} \, z^n \qquad (6.4)$$

例 6.3 $e^z, \sin z$ を $|z| < \infty$ でマクローリン展開せよ. □

[解] $f(z) = e^z$ のとき $f^{(n)}(z) = e^z$ より, $f^{(n)}(0) = 1$
$\therefore \quad e^z = 1 + z + z^2/2! + \cdots + z^n/n! + \cdots \qquad \cdots ①$

$f(z) = \sin z$ とすると, $f^{(2n+1)}(z) = (-1)^n \cos z, f^{(2n)}(z) = (-1)^n \sin z$ より,

$f^{(2n+1)}(0) = (-1)^n, f^{(2n)}(0) = 0$
$\therefore \quad \sin z = z - z^3/3! + \cdots + (-1)^n z^{2n+1}/(2n+1)! + \cdots \qquad \cdots ②$
■

|注意 **6.6**| p.66 で $e^z = e^{x+yi} = e^x(\cos y + i \sin y)$ と定義し, p.70 で $\sin z = (e^{zi} - e^{-zi})/2i$ と定義したが, 上記①, ②を定義式とする場合もある.

問 6.3 [†] 次の関数を指定された点 α でテーラー展開せよ.

(1) $f(z) = 1/z^2 \quad (\alpha = 2)$ (2) $f(z) = \sin z \quad (\alpha = \pi/2)$

[†] 「演習関数論」(サイエンス社) p.91の問題6.1(3), p.92の問題7.1(2)を参照.

ローラン展開 次ページの図 6.4 のように関数 $f(z)$ は，点 α を中心とし半径 R_1, R_2 $(0 < R_1 < R_2)$ の 2 つの同心円 Γ_1, Γ_2 の間に挟まれた環状の領域
$$D = \{z; R_1 < |z - \alpha| < R_2\}$$
で正則とする．この D 内の 1 点 z での値 $f(z)$ を級数で表すことを考える．

$|z - \alpha| = \rho$ とし，2 つの実数 r_1, r_2 を $R_1 < r_1 < \rho, \rho < r_2 < R_2$ のようにとり，α を中心，半径 r_1, r_2 の円 C_1, C_2 を書き，さらに D 内の点 z を中心とする円 K を C_1, C_2 に交わらないように書くと p.96 の拡張されたコーシーの定理より $\int_{C_2} \frac{f(\zeta)}{\zeta - z} dz = \int_{C_1} \frac{f(\zeta)}{\zeta - z} dz + \int_K \frac{f(\zeta)}{\zeta - z} dz.$ 一方 p.116 の定理 6.1 より，$f(z) = \frac{1}{2\pi i} \int_K \frac{f(\zeta)}{\zeta - z} d\zeta.$

$$\therefore \quad f(z) = \frac{1}{2\pi i} \int_{C_2} \frac{f(\zeta)}{\zeta - z} d\zeta - \frac{1}{2\pi i} \int_{C_1} \frac{f(\zeta)}{\zeta - z} d\zeta$$

C_2 上では $|z - \alpha| < |\zeta - \alpha|$ だからテーラーの定理と同様に
$$\frac{1}{\zeta - z} = \frac{1}{\zeta - \alpha} \sum_{n=0}^{\infty} \left(\frac{z - \alpha}{\zeta - \alpha}\right)^n$$

C_1 上では $|\zeta - \alpha| < |z - \alpha|$ だから，$\dfrac{1}{\zeta - z} = -\dfrac{1}{z - \alpha} \sum_{n=0}^{\infty} \left(\dfrac{\zeta - \alpha}{z - \alpha}\right)^n$

$$\therefore \quad f(z) = \sum_{n=0}^{\infty} (z - \alpha)^n \frac{1}{2\pi i} \int_{C_2} \frac{f(\zeta) \, d\zeta}{(\zeta - \alpha)^{n+1}}$$
$$+ \sum_{n=0}^{\infty} \frac{1}{(z - \alpha)^{n+1}} \frac{1}{2\pi i} \int_{C_1} (\zeta - \alpha)^n f(\zeta) \, d\zeta$$

さて，右辺の被積分関数は D 内で正則だから，p.96 の定理 5.10 により積分路 C_1, C_2 をその間にある共通な円 C にとってよい．

> **定理 6.6**（ローラン展開） $f(z)$ は点 α を中心，半径 $R_1 < R_2$ の 2 つの同心円に挟まれた環状の領域 D で正則とすると，$f(z)$ は D 内で
> $$f(z) = \sum_{n=-\infty}^{\infty} c_n (z - \alpha)^n \tag{6.5}$$
> $$c_n = \frac{1}{2\pi i} \int_C \frac{f(\zeta)}{(\zeta - \alpha)^{n+1}} d\zeta \quad (n = 0, \pm 1, \pm 2, \cdots) \tag{6.6}$$
> と表すことができる．ここに C は α を中心とする D 内の任意の円である．

6.3 関数の展開 (テーラー展開, ローラン展開)

● **より理解を深めるために** ●

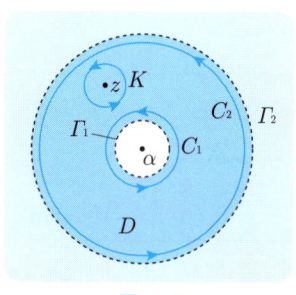

図 6.4

例 6.4 次の関数を $z=1$ を中心とするローラン級数に展開せよ.
$$f(z) = 1/(z-1)(z-2)$$

[解] $z=1, z=2$ が特異点であるから, $0<|z-1|<1$ と, $|z-1|>1$ に分けて考える.

(i) $0<|z-1|<1$ のとき
$$f(z) = -\frac{1}{z-1} + \frac{1}{z-2} = -\frac{1}{z-1} - \frac{1}{1-(z-1)}$$
$$= -\{1/(z-1) + 1 + (z-1) + \cdots + (z-1)^n + \cdots\}$$

(ii) $|z-1|>1$ のとき, $1/|z-1|<1$ であるから
$$f(z) = -\frac{1}{z-1} + \frac{1}{z-1} \cdot \frac{1}{1-1/(z-1)}$$
$$= -\frac{1}{z-1} + \frac{1}{z-1}\left\{1 + \frac{1}{z-1} + \cdots + \frac{1}{(z-1)^n} + \cdots\right\}$$
$$= \frac{1}{(z-1)^2} + \frac{1}{(z-1)^3} + \cdots + \frac{1}{(z-1)^{n+1}} + \cdots$$

注意 6.7 例 6.4 は前ページの (6.6) を必ずしも計算しなくてもよい例である.

問 6.4 [†] $f(z) = \dfrac{1}{z(z-1)^2}$ を次の円環領域でローラン展開せよ.

(1) $0<|z|<1$ 　　(2) $|z|>1$ 　　(3) $0<|z-1|<1$

[†] (2) では $\omega = 1/z$, (3) では $\omega = 1-z$ とおけ.
「演習関数論」(サイエンス社) p.98 の問題 11.1 を参照.

演習問題

> **例題 6.1** ─────────────────── 最大値の原理 ─
> $f(z)$ が領域 D で正則で，D 内に閉曲線 C をとり，$M = \max_{z \in C} |f(z)|$ とすると，C の内部の α に対して次のことが成立することを示せ．
> $$|f(\alpha)| \leqq M$$

注意 6.8 関数 $f(z)$ を C 上および C の内部で考えると，最大値をとるのは周上であることがわかる．

[解] k を任意の自然数とすると，$\{f(z)\}^k$ も正則だから，これについてもコーシーの積分公式が成り立つ．よって

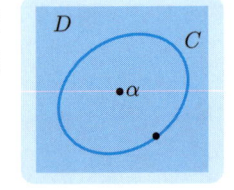

$$\{f(\alpha)\}^k = \frac{1}{2\pi i}\int_C \frac{f(z)^k}{z-\alpha}\, dz$$

図 6.5

α から C までの距離を ρ 以上とすると，$|z-\alpha| \geqq \rho$, $|\{f(z)\}^k| \leqq M^k$ だから $f(\alpha)^k \leqq \dfrac{1}{2\pi\rho} M^k L$. ただし L は曲線 C の長さである．（p.86 の定理 5.4 を参照）．いま，両辺の k 乗根をとり，$k \to \infty$ とすると，

$$|f(\alpha)| \leqq M$$

(解答は章末の P.129 にあります．)

演習 6.1 $f(z) = \dfrac{2z+1}{z-2}$ に対し，$|z| \leqq 1$ における $|f(z)|$ の最大値を求めよ．

演習 6.2 $f(z)$ が $\{z; |z-\alpha| \leqq r\}$ で正則で，$|f(z)| \leqq M$ ならば，次の不等式が成立することを示せ．
$$\left|f^{(n)}(\alpha)\right| \leqq \frac{n!M}{r^n}$$

---- 例題 6.2 ──────────────── マクローリン展開 ──

次の関数をマクローリン展開せよ．
(1) $\cos z$ $(|z| < \infty)$ (2) $\text{Log}(1 + z)$ $(|z| < 1)$

[解] (1) $f(z) = \cos z, f^{(2n)}(z) = (-1)^n \cos z, f^{(2n)}(0) = (-1)^n$,
$f^{(2n+1)}(z) = (-1)^n \sin z, f^{(2n+1)}(0) = 0$ $(n \geqq 1)$.
p.121 のマクローリン展開より，$|z| < \infty$ において，
$$\cos z = 1 - \frac{z^2}{2!} + \frac{z^4}{4!} - \cdots + (-1)^n \frac{z^{2n}}{(2n)!} + \cdots$$

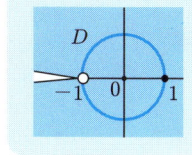

(2) $f(z) = \text{Log}(1 + z)$ とおく．$f(z)$ は図 6.6 のように平面から $(-\infty, -1]$ を除いた領域 D で正則である．

図 6.6

$$f'(z) = \frac{1}{1+z}, \; f''(z) = \frac{-1}{(1+z)^2}, \; \cdots, \; f^{(n)}(z) = \frac{(-1)^{n-1}(n-1)!}{(1+z)^n}, \cdots$$

∴ $f(0) = 0, f'(0) = 1, f''(z) = -1, \cdots, f^{(n)}(0) = (-1)^{n-1}(n-1)!, \cdots$
p.121 のマクローリン展開式により，$|z| < 1$ において，
$$\text{Log}(1 + z) = z - \frac{z^2}{2} + \frac{z^3}{3} - \cdots + (-1)^{n-1} \frac{z^n}{n} + \cdots \quad (|z| < 1)$$

初等関数のマクローリン展開

① $\dfrac{1}{c - z} = \displaystyle\sum_{n=0}^{\infty} \dfrac{z^n}{c^{n+1}}$ $(|z| < |c|, \; c \neq 0)$

② $e^z = \displaystyle\sum_{n=0}^{\infty} \dfrac{z^n}{n!}$ $(|z| < \infty)$

③ $\cos z = \displaystyle\sum_{n=0}^{\infty} \dfrac{(-1)^n z^{2n}}{(2n)!}$ $(|z| < \infty)$

④ $\sin z = \displaystyle\sum_{n=0}^{\infty} \dfrac{(-1)^n z^{2n+1}}{(2n+1)!}$ $(|z| < \infty)$

⑤ $\text{Log}(1 + z) = \displaystyle\sum_{n=1}^{\infty} \dfrac{(-1)^{n-1}}{n} z^n$ $(|z| < 1)$

演習 **6.3** 次の関数を指定された点 α でテーラー展開せよ．
(1) $f(z) = \dfrac{1}{z^2 - 2z + 3}$ $(\alpha = 1)$ (2) $f(z) = \cos^2 z$ $\left(\alpha = \dfrac{\pi}{4}\right)$

例題 6.3 ── 極・真性特異点・除去可能な特異点

次の関数を $z=0$ でローラン展開し，特異点 0 の種類を調べよ．

(1) $f(z) = \dfrac{\sinh z}{z^3}$ (2) $f(z) = ze^{1/z}$

(3) $f(z) = \dfrac{1-\cos z}{z^2}$

[解] (1) $f(z) = \sinh z / z^3$ を $z=0$ でローラン展開すると

$$f(z) = \frac{1}{z^3}\left(z + \frac{z^3}{3!} + \frac{z^2}{5!}\right) + \cdots = \frac{1}{z^2} + \frac{z}{3!} + \frac{z^2}{5!} + \cdots$$

下の注意 6.9 よりその主要部は $1/z^2$．よって，$z=0$ は位数 2 の極である．

(2) $f(z) = ze^{1/z}$ を $z=0$ でローラン展開すると

$$f(z) = z\left(1 + \frac{1}{z} + \frac{1}{2!\,z^2} + \frac{1}{3!\,z^3} + \cdots\right) = z + 1 + \frac{1}{2!\,z} + \frac{1}{3!\,z^2} + \cdots$$

その主要部は無限個の項よりなる．このとき，$z=0$ を**真性特異点**という．

(3) $f(z) = (1-\cos z)/z^2$ は $z \neq 0$ で正則で $z=0$ でローラン展開すると

$$f(z) = \frac{1}{z^2}\left(\frac{z^2}{2!} - \frac{z^4}{4!} + \frac{z^6}{6!} - \cdots\right) = \frac{1}{2!} - \frac{z^2}{4!} + \frac{z^4}{6!} - \cdots$$

その主要部はない．ゆえに，$z=0$ は極でも真性特異点でもない．また，ここで $f(0) = 1/2$ と定めると，$f(z)$ は $z=0$ で正則となる．このような特異点を**除去可能な特異点**という．

|注意 6.9| p.122 の定理 6.6 でローラン展開を $f(z) = \displaystyle\sum_{n=-\infty}^{\infty} c_n(z-\alpha)^n$ と書いたがこれを 2 つの部分に分けて，$f(z) = \displaystyle\sum_{n=0}^{\infty} c_n(z-\alpha)^n + \displaystyle\sum_{n=1}^{\infty} \frac{c_{-n}}{(z-\alpha)^n}$

と書くことも多い．後者をローラン展開の**主要部**という．この主要部が有限個 $\displaystyle\sum_{n=1}^{p} \frac{c_{-n}}{(z-\alpha)^n}$ のとき，$z=\alpha$ を**位数 p の極**という．

演習 6.4 次の関数を $z=0$ でローラン展開し，特異点 0 の種類を調べよ．

(1) $f(z) = e^{zi}/z^3$ (2) $f(z) = \mathrm{Log}(1+z)/z^2$

例題 6.4 — ローラン展開と留数の関係

α を孤立特異点にもつ関数 $f(z)$ の α におけるローラン展開を

$$f(z) = \sum_{n=-\infty}^{\infty} c_n (z-\alpha)^n \qquad \cdots ①$$

とすれば，$\mathrm{Res}(f(z), \alpha) = c_{-1}$ であることを示せ．

[解] いま，α を中心として任意の円 K を書き，その周の上および内部に α 以外に不正則点がないものとして，K を正の向きに 1 周して①の両辺を項別積分すれば，p.97 の例 5.9 より，

$$\int_K (z-a)^n \, dz = 0 \quad (n \neq -1)$$

$$\int_K (z-a)^n \, dz = 2\pi i \quad (n = -1)$$

であるから，結局

$$\int_K f(z) \, dz = 2\pi i \cdot c_{-1}$$

$$\therefore \quad \mathrm{Res}(f(z), \alpha) = \frac{1}{2\pi i} \int_K f(z) \, dz = c_{-1}$$

注意 6.10 p.108 の例題 5.3 は主要部が有限であったが，ここでは無限の場合でも同様の結果が成立することを示している．

演習 6.5 $f(z) = \dfrac{z^2}{(2z-1)^3}$ について，次の問に答えよ．

(1) 極とその位数を求めよ．

(2) (1) で求めた極における留数を求めよ．

演習 6.6 次の関数の特異点を求め，そこでの留数を計算せよ．

(1) $f(z) = \dfrac{z+1}{z^2(z-1)^3}$ (2) $f(z) = z^2 \sin \dfrac{1}{z}$

研究　整級数による解析接続

関数 $f(z)$ が与えられたとき，1 点 α を定めれば，p.120 の定理 6.5 の条件のもとで，α を中心とした下の図 6.7 のような円 C の内部で

$$f(z) = f(\alpha) + f'(\alpha)(z-\alpha) + \cdots + f^{(n)}(\alpha)(z-\alpha)^n/n! + \cdots \quad \cdots ①$$

のように展開できることはすでに学んだ．いま図 6.7 のように 3 つの不正則点 s_1, s_2, s_3 と 1 点 z をとると，z に対する $f(z)$ の値を求めるには①は役に立たない．そこで，点 α_1 を円 C (α を中心として，これに最も近い不正則点 s_1 を通る円) の内部にとり，α_1 を中心とする $f(z)$ の展開式を作る．これを作るには，α_1 における $f(z)$ およびその導関数の値を知ればよいのであるが，それは α_1 が C の内部にあることから，①を利用して，

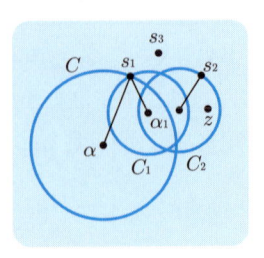

図 6.7

$$f(\alpha_1) = f(\alpha) + f'(\alpha)(\alpha_1-\alpha) + f''(\alpha)(\alpha_1-\alpha)^2/2! + \cdots$$
$$f'(\alpha_1) = f'(\alpha) + f''(\alpha)(\alpha_1-\alpha) + f'''(\alpha)(\alpha_1-\alpha)^2/2! + \cdots$$
$$f''(\alpha_1) = f''(\alpha) + f'''(\alpha)(\alpha_1-\alpha) + f^{(4)}(\alpha)(\alpha_1-\alpha)^2/2! + \cdots$$
$$\vdots$$

などとして算出できる．そこで α_1 を中心とする展開式は

$$f(z) = f(\alpha_1) + f'(\alpha_1)(z-\alpha_1) + f''(\alpha_1)(z-\alpha_1)/2! + \cdots \quad \cdots ②$$

のように作られる．②の収束域は α_1 を中心として，これに最も近い不正則点 s_1 を通る円 C_1 の内部である．

ところが，z はまだ C_1 の内部に入らない．そこで前と同じ手続きを繰り返して，さらに円 C_1 内に 1 点 α_2 をとり，これを中心とする展開式

$$f(z) = f(\alpha_2) + f'(\alpha_2)(z-\alpha_2) + \frac{f''(\alpha_2)}{2!}(z-\alpha_2)^2 + \cdots \quad \cdots ③$$

を作る．この係数は②を利用すればできるはずである．そうして③の収束域は α_2 を中心として，これにもっとも近い不正則点 s_2 を通る円 C_2 の内部である．ここではじめて，z が有効範囲内に入ってきた．すなわち $f(z)$ は③という整級数で計算することができるのである．このように次々と中心を移して得られる展開式②，③などを①の**解析接続**という．

問の解答（第 6 章）

問 6.1 コーシーの積分公式 (定理 6.2) を用いる. $-\dfrac{\pi^3}{4}i$.

問 6.2 $g(z) = \dfrac{1}{f(z)}$ とおくと，$g(z)$ は条件 (1) より全平面で正則．また条件 (2) より $|z| > R$ のとき $g(z) = \dfrac{1}{|f(z)|} < \dfrac{1}{M}$ である.

一方，$|z| \leqq R$ での $|g(z)|$ の最大値を N とし，$1/M$ と N の大きい方を C とすると，すべての z に対して $|g(z)| \leqq C$. ゆえにリュウビルの定理より $g(z)$ は定数，したがって $f(z)$ も定数.

問 6.3　(1)　$f(z) = \displaystyle\sum_{n=0}^{\infty} \dfrac{(-1)^n(n+1)}{2^{n+2}}(z-2)^n \quad (|z-2| < 2)$

(2)　$f(z) = \displaystyle\sum_{n=0}^{\infty} \dfrac{(-1)^n}{(2n)!}\left(z - \dfrac{\pi}{2}\right)^{2n}$

問 6.4　(1)　$f(z) = \displaystyle\sum_{n=1}^{\infty} n z^{n-2} \quad (0 < |z| < 1)$

(2)　$f(z) = \displaystyle\sum_{n=1}^{\infty} \dfrac{n}{z^{n+2}} \quad (|z| > 1)$

(3)　$f(z) = \displaystyle\sum_{n=0}^{\infty} (-1)^n (z-1)^{n-2} \quad (0 < |z-1| < 1)$

演習問題解答（第 6 章）

演習 6.1　$f(z) = \dfrac{2z+1}{z-2}$ は単位円 $C : |z| = 1$ の周および内部で正則だから，p.124 の例題 6.1 の最大値の原理より，$|f(z)|$ の $|z| \leqq 1$ での最大値は C 上でとる．ところで右図からわかるように，$\left|z + \dfrac{1}{2}\right|$ は C 上の $z = 1$ で最大値 $\dfrac{3}{2}$ を，$|z - 2|$ は C 上の $z = 1$ で最小値 1 をとるから，$|f(z)|$ は $z = 1$ で最大値 3 をとる．

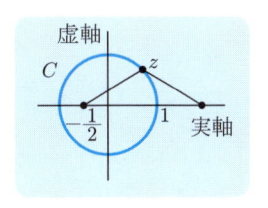

演習 6.1 の図

演習 6.2　コーシーの積分公式 $f^{(n)}(\alpha) = \int_C \dfrac{f(z)}{(z-\alpha)^{n+1}}\,dz$ で積分路 C を
$$|z-\alpha| = r$$
にとると,
$$|f^{(n)}(\alpha)| \leq \dfrac{n!}{2\pi} \int_0^{2\pi} \dfrac{|f(z)|}{r^{n+1}} r\,d\theta \leq \dfrac{n!M}{r^n}$$

演習 6.3　(1)　$\dfrac{1}{z^2 - 2z + 3} = \dfrac{1}{(z-1)^2 + 2} = \dfrac{1}{\omega^2 + 2} = \dfrac{1}{2}\dfrac{1}{1 + (\omega/\sqrt{2})^2}$

$\therefore\quad f(z) = \dfrac{1}{z^2 - 2z + 3} = \dfrac{1}{2} \sum_{n=0}^{\infty} \left(-\dfrac{1}{2}\right)^n (z-1)^{2n} \quad (|z-1| < \sqrt{2})$

(2)　$z = \dfrac{\pi}{4} + \omega$ とおくと $\cos 2z = -\sin 2\omega$

$\therefore\quad f(z) = \cos^2 z = \dfrac{1 + \cos 2z}{2} = \dfrac{1}{2} - \sum_{n=0}^{\infty} \dfrac{(-1)^n 2^{2n}}{(2n+1)!} \left(z - \dfrac{\pi}{4}\right)^{2n+1}$

演習 6.4　(1)　$f(z) = \dfrac{e^{iz}}{z^3} = \dfrac{1}{z^3} + \dfrac{i}{z^2} - \dfrac{1}{2z} - \dfrac{i}{3!} + \cdots$

$\therefore\quad z = 0$ は位数 3 の極.

(2)　$f(z) = \dfrac{\mathrm{Log}(1+z)}{z^2} = \dfrac{1}{z} - \dfrac{1}{2} + \dfrac{z}{3} - \cdots \qquad \therefore\quad z = 0$ は位数 1 の極.

演習 6.5　(1)　$f(z) = \dfrac{z^2}{(2z-1)^3}$ の特異点は, $z = \dfrac{1}{2}$ だけである. $z = \dfrac{1}{2} + \omega$ とおくと,

$$\dfrac{z^2}{(2z-1)^3} = \dfrac{1}{(2\omega)^2}\left(\dfrac{1}{2} + \omega\right)^2 = \dfrac{1}{8\omega^3}\left(\dfrac{1}{4} + \omega + \omega^2\right)$$

$$= \dfrac{1}{32\omega^3} + \dfrac{1}{8\omega^2} + \dfrac{1}{8\omega}$$

$$= \dfrac{1}{32(z-1/2)^3} + \dfrac{1}{8(z-1/2)^2} + \dfrac{1}{8(z-1/2)}$$

$\therefore\quad z = \dfrac{1}{2}$ は位数 3 の極である.

(2)　上の展開の $\dfrac{1}{z - 1/2}$ の係数に注目すれば, p.127 の例題 6.4 により,

$$\mathrm{Res}\left(\dfrac{1}{2}\right) = \dfrac{1}{8}$$

演習 **6.6** (1) $f(z) = \dfrac{z+1}{z^2(z-1)^3}$ の特異点は $z = 0$ と $z = 1$ である．$f(z)$ を $z = 0$ でローラン展開すると，

$$\begin{aligned} f(z) &= -\frac{1+z}{z^2}(1-z)^{-3} \\ &= -\frac{1+z}{z^2}(1 + 3z + 6z^2 + \cdots) \\ &= -\frac{1}{z^2} - \frac{4}{z} - 9 - \cdots \\ &\therefore \quad \mathrm{Res}(0) = -4 \end{aligned}$$

次に，$f(z)$ を $z = 1$ でローラン展開を求める．$z = 1 + \omega$ とおくと，

$$\begin{aligned} f(z) &= \frac{z+1}{z^2(z-1)^3} \\ &= \frac{2+\omega}{(1+\omega)^2 \omega^3} = \frac{1}{\omega^3}(2+\omega)(1+\omega)^{-2} \\ &= \frac{1}{\omega^3}(2+\omega)(1 - 2\omega + 3\omega^2 - \cdots) \\ &= \frac{1}{\omega^3}(2 - 3\omega + 4\omega^2 - \cdots) \\ &= \frac{2}{\omega^3} - \frac{3}{\omega^2} + \frac{4}{\omega} + \cdots \\ &= \frac{2}{(z-1)^3} - \frac{3}{(z-1)^2} + \frac{4}{z-1} + \cdots \\ &\therefore \quad \mathrm{Res}(1) = 4 \end{aligned}$$

(2) $f(z) = z^2 \sin \dfrac{1}{z}$ の特異点は $z = 0$．$f(z)$ を $z = 0$ でローラン展開すると，

$$\begin{aligned} f(z) &= z^2 \left(\frac{1}{z} - \frac{1}{6}\frac{1}{z^3} + \frac{1}{5!}\frac{1}{z^5} - \cdots \right) \\ &= z - \frac{6}{z} + \frac{1}{5!}\frac{1}{z^3} - \cdots \end{aligned}$$

$\therefore \quad z = 0$ は真性特異点で $\mathrm{Res}(0) = -\dfrac{1}{6}$．

索　引

あ　行

位数 p の極　　108, 126
1 位の極　　98
1 次変換（関数）　　30
1 の n 乗解　　16
一般の直線の方程式　　20

影像　　36

オイラーの公式　　66

か　行

開集合　　46
外点　　46
外分する点　　18
ガウス平面　　8
拡張された複素数平面　　36
加法定理　　70

境界点　　46
鏡像　　30
共役調和関数　　58
共役な複素数　　6
共役な複素数の性質　　6
極形式　　8
極限　　48
極限値　　48
曲線　　82
虚軸　　8
虚数　　4

虚数単位　　2, 4
虚部　　4, 52, 70
近傍　　46
近傍で正則である　　54

区分的に滑らかな曲線　　82

グリーンの定理　　90

コーシー・リーマンの微分方程式　　52
コーシーの積分公式　　116
コーシーの定理　　92
コーシーの定理の拡張　　96
孤立特異点　　98

さ　行

最大値の原理　　124
三角関数の周期性　　70
三角関数の正則性　　70
三角関数の定義　　70
三角不等式　　9

指数関数の周期性　　68
指数関数の正則性　　68
指数関数の定義　　66
指数表示　　66
指数法則　　66

実軸　　8
実部　　4, 52, 70
写像　　46
収束域　　121

索　　引　　　　　　　　　　　　**133**

収束円　　121
収束する　　48
収束半径　　121
主値　　72, 74
主要部　　126
純虚数　　4
除去可能な特異点　　126
初等関数のマクローリン展開　　125
真性特異点　　126
数球面　　37

整級数による解析接続　　128
正則　　54
正則関数の等角写像性　　56
積分路　　82
線積分　　88
全微分可能　　53
全微分可能性と偏微分可能性　　53

双曲線関数の定義　　74

た　行

代数学の基本定理　　7, 118
対数関数の主値　　72
対数関数の正則性　　72
対数関数の定義　　72
対数関数の分枝　　72
単純な閉曲線　　99
単純な領域　　91

調和　　58
調和関数　　58

テーラー級数　　120
テーラー展開　　120
点 α を中心とする半径 r の円の方程式　　20
点 z を w だけ平行移動　　10
等角写像　　56

導関数　　50
ド・モアブルの定理　　14

な　行

内点　　46
内分する点　　18
滑らかな曲線　　56

2項方程式　　16
2直線のなす角　　18
2定点 z_1, z_2 を通る直線の方程式　　20
2点間の距離　　18

は　行

発散する　　48
反転　　30

微分可能　　50
微分可能である　　50
微分可能であるための必要十分条件　　52
微分係数　　50
微分に関する基本公式　　50

複素関数の線積分表示　　88
複素数　　2, 4
複素数の四則計算　　4
複素数の商の絶対値と偏角　　12
複素数の乗法と回転　　12
複素数の積と商の定義　　4
複素数の積の絶対値と偏角　　12
複素数の絶対値　　8
複素数の絶対値の性質　　8
複素数の相等　　4
複素数の和・差・積・商の極限値　　48
複素数の和と差の定義　　4

複素数平面　8
複素数平面における加法と減法　10
複素数平面における実数倍　10
(複素) 積分の定義　82
不定積分　94
不動点　34
フレネルの積分　109

閉曲線　82
偏角　8
変換　46

ま　行

マクローリン級数　121
マクローリン展開　121

無限遠点　36
無限大に発散　48
無限多価関数　72
無理関数　74

や　行

有向曲線の正の向き，負の向き　91

ら　行

ラプラスの演算子　58

留数　98
リュウビルの定理　118
領域　46

累乗関数　74
累乗関数の定義　74

連続関数の基本定理　48
連続である　48

ローラン展開　122

欧　字

$\arg z$　8

D で正則である　54
D で連続である　48

r 近傍　46

$w = e^z$ による写像　68

x に関する線積分の定義　88

y に関する線積分の定義　88

著者略歴

坂田　洴
（さかた　ひろし）

1957年　東北大学大学院理学研究科数学専攻 (修士課程) 修了
現　在　岡山大学名誉教授

主要著書

教育系のための数学概論 (共著)
基本微分積分
演習微分積分 (共著)
基本演習微分積分 (共著)
演習と応用微分積分 (共著)
基本微分方程式 (監修)
演習微分方程式 (共著)
演習と応用微分方程式 (共著)
演習ベクトル解析 (共著)

数学基礎コース＝C3

基本 複素関数論

2005 年 3 月 10 日 ©	初 版 発 行
2018 年 2 月 10 日	初版第 8 刷発行

著　者　坂田　洴
発行者　森平敏孝
印刷者　杉井康之
製本者　小高祥弘

発行所　株式会社 サイエンス社

〒151-0051　東京都渋谷区千駄ヶ谷 1 丁目 3 番 25 号
営業　☎ (03) 5474–8500 (代)　振替 00170-7-2387
編集　☎ (03) 5474–8600 (代)
FAX　☎ (03) 5474–8900

印刷　(株) ディグ　　製本　小高製本工業 (株)

《検印省略》

本書の内容を無断で複写複製することは、著作者および
出版者の権利を侵害することがありますので、その場合
にはあらかじめ小社あて許諾をお求め下さい。

ISBN4-7819-1087-4
PRINTED IN JAPAN

サイエンス社のホームページのご案内
http://www.saiensu.co.jp
ご意見・ご要望は
rikei@saiensu.co.jp　まで．

━━━ 新版 演習数学ライブラリ ━━━

新版 演習線形代数
寺田文行著　2色刷・A5・本体1980円

新版 演習微分積分
寺田・坂田共著　2色刷・A5・本体1850円

新版 演習微分方程式
寺田・坂田共著　2色刷・A5・本体1900円

新版 演習ベクトル解析
寺田・坂田共著　2色刷・A5・本体1700円

＊表示価格は全て税抜きです．

━━━ サイエンス社 ━━━